MATEMÁTICA

CÉLIA PASSOS

Cursou Pedagogia na Faculdade de Ciências Humanas de Olinda – PE, com licenciaturas em Educação Especial e Orientação Educacional. Professora do Ensino Fundamental e Médio (Magistério) e coordenadora escolar de 1978 a 1990.

ZENEIDE SILVA

Cursou Pedagogia na Universidade Católica de Pernambuco, com licenciatura em Supervisão Escolar. Pós-graduada em Literatura Infantil. Mestra em Formação de Educador pela Universidade Isla, Vila de Nova Gaia, Portugal. Assessora Pedagógica, professora do Ensino Fundamental e supervisora escolar desde 1986.

5ª edição
São Paulo
2022

Coleção Eu Gosto Mais
Matematica 5º ano
© IBEP, 2022

Diretor superintendente	Jorge Yunes
Diretora adjunta editorial	Célia de Assis
Coordenadora editorial	Adriane Gozzo
Assessoria pedagógica	Valdeci Loch
Editor	Priscila Ramos de Azevedo Ferreira
Assistente editorial	Selma Gomes e Equipe RAF Editoria e Serviços
Revisores	Denise Santos, Janaína Silva, Marina Castanho e Jaci Albuquerque
Secretaria editorial e processos	Elza Mizue Hata Fujihara
Coordenadora de arte	Karina Monteiro
Assistente de arte	Aline Martins
Assistentes de iconografia	Vitória Lopes e Irene Araújo
Ilustração	Fabiana Salomão, José Luis Juhas/Ilustra Cartoon, Marco Aragão, MW Ed. Ilustrações
Produção gráfica	Marcelo Ribeiro
Projeto gráfico e capa	Departamento de Arte – Ibep
Ilustração da capa	Manifesto Game Studio/ Box&dea
Diagramação	Nany Produções Gráficas

Dados Internacionais de Catalogação na Publicação (CIP) de acordo com ISBD

P289e   Passos, Célia

         Eu gosto m@is: Matemática 5º ano / Célia Passos, Zeneide Silva. - 5. ed. - São Paulo : IBEP - Instituto Brasileiro de Edições Pedagógicas, 2022.
         296 p. : il. ; 20,5cm x 27,5cm. – (Eu gosto m@is)

         ISBN: 978-65-5696-266-5 (aluno)
         ISBN: 978-65-5696-267-2 (professor)

         1. Ensino Fundamental Anos Iniciais. 2. Livro didático. 3. Matemática. I. Silva, Zeneide. II. Título. III. Série.

2022-2654   CDD 372.07
         CDU 372.4

Elaborado por Odilio Hilario Moreira Junior - CRB-8/9949

Índice para catálogo sistemático:
1. Educação - Ensino fundamental: Livro didático 372.07
2. Educação - Ensino fundamental: Livro didático 372.4

5ª edição – São Paulo – 2022
Todos os direitos reservados

Rua Gomes de Carvalho, 1306, 12º andar, Vila Olímpia
São Paulo – SP – 04547-005 – Brasil – Tel.: (11) 2799-7799
www.ibep-nacional.com.br   editoras@ibep-nacional.com.br

Gráfica Impress - Outubro 2022

APRESENTAÇÃO

Querido aluno, querida aluna,

Elaboramos para vocês a Coleção **Eu gosto m@is**, rica em conteúdos e atividades interessantes, para acompanhá-los em seu aprendizado.

Desejamos muito que as lições e as atividades possam fazer vocês ampliarem seus conhecimentos e suas habilidades nessa fase de desenvolvimento da vida escolar.

Por meio do conhecimento, podemos contribuir para a construção de uma sociedade mais justa e fraterna: esse é nosso objetivo ao elaborar esta Coleção.

Um grande abraço,

As autoras

SUMÁRIO

LIÇÃO

1 Vamos recordar 6

2 Sistema de Numeração Decimal 15
- Um pouco de história 15
- Valor relativo e valor absoluto 18
- Ordens e classes 20
- Decomposição numérica 22

3 Operações com números naturais – adição e subtração 28
- Adição 28
- Subtração 31

4 Operações com números naturais – multiplicação e divisão 41
- Ideias da multiplicação 41
- Termos da multiplicação e da divisão 44
- Verificação da divisão 45
- Propriedades da multiplicação 48
- Problemas de contagem 57

5 Expressões numéricas 60
- Expressões numéricas com sinais de associação 65

6 Álgebra 68
- Igualdade 68
- Sentença matemática 71
- Valor desconhecido em uma sentença matemática 72
- Grandezas diretamente proporcionais 75
- Partilha desigual 77

7 Múltiplos e divisores de um número natural 82
- Múltiplos 82
- Mínimo múltiplo comum 87
- Divisores 89
- Critérios de divisibilidade 92
- Máximo divisor comum 96

8 Números primos 103
- Crivo de Eratóstenes 104

9 Ângulos e polígonos 108
- Ângulos 108
- Polígonos 114
- Polígonos e eixos de simetria 116

10 Triângulos e quadriláteros 121
- Triângulos • Quadriláteros 122

11 Frações 129
- Representação fracionária 129
- Frações equivalentes 130
- Comparação de frações 131
- Classificação de frações 133
- Número misto 135
- Simplificação de frações • Inverso de uma fração 136
- Fração de um número natural 137

LIÇÃO

12 **Operações com frações** **144**
- Adição 144
- Subtração 145
- Multiplicação 150
- Divisão 151

13 **Análise de chances** **156**
- Igualmente prováveis 156
- Probabilidade e fração 159

14 **Poliedros** **163**

15 **Números decimais** **168**
- Representação fracionária e decimal 168
- Comparação de números decimais 173

16 **Operações com números decimais** **181**
- Adição e subtração 181
- Multiplicação 186
- Divisão 187

17 **Dinheiro no dia a dia** **194**
- Facilitando o troco 197

18 **Porcentagem** **200**
- Cálculo de porcentagem 203

19 **Geometria na malha quadriculada** **207**
- Representação e localização no plano 207
- Ampliação e redução na malha quadriculada 211

20 **Medidas de comprimento** **213**
- O metro 213
- Transformação de unidades 216

21 **Perímetro e área** **223**
- Perímetro 223
- Área 231
- Múltiplos e submúltiplos do metro quadrado 232
- Transformação de unidades 233
- Áreas do quadrado e do retângulo 236

22 **Volume e capacidade** **240**
- Medidas de volume 242
- Transformação de unidades • Volume do cubo e do paralelepípedo 244
- Medidas de capacidade 249
- Transformações de unidades 250
- Relação entre as medidas de capacidade e de volume 251

23 **Medidas de massa** **258**
- Massa 258
- Transformação de unidades 260

24 **Medidas de tempo** **264**
- O dia e o ano 264
- O calendário 265
- Unidades menores que o dia 266

Almanaque **273**

LIÇÃO 1

VAMOS RECORDAR

Vamos relembrar alguns conteúdos que trabalhamos no ano passado? Resolva, então, algumas atividades.

1 Leia o recorte de uma reportagem referente à II Olimpíada BRICSMath, de 2018. Depois, responda às questões no caderno.

> ### Olimpíada de Matemática reúne estudantes de cinco países
>
> Alunos do primeiro ao quinto ano do Ensino Fundamental que gostam de matemática têm a oportunidade de participar, de 25 de julho a 30 de setembro, da II Olimpíada BRICSMath, uma competição internacional online da disciplina. Na primeira edição da BRICSMath, em novembro de 2017, foram mais de 670 mil estudantes inscritos.
>
> Com o objetivo de promover habilidades de pensamento, interesse crescente no estudo das ciências exatas e união de diferentes nações, a Olimpíada é aberta a estudantes dos países que compõem o conglomerado econômico dos emergentes, definido pela sigla BRICS: Brasil, Rússia, Índia, China e África do Sul.
>
> Disponível em: https://bit.ly/2JzyTqs. Acesso em:19 jul. 2022.

- Qual é a sua disciplina preferida?
- Em sua opinião, é importante incentivar a participação de alunos em competições como a Olimpíada de Matemática? Como pode ser feito esse incentivo?
- Você já participou de alguma competição como essa? De que disciplina?
- Encontre no texto os números que representam medidas de tempo.
- A quantidade de participantes na Olimpíada BRICSMath em 2017 está abaixo ou acima de 1 milhão?
- Você sabia que na Olimpíada Brasileira de Matemática das Escolas Públicas (OBMEP), em 2017, houve mais de 18 milhões de participantes? Escreva esse número aproximado de participantes com todas as ordens.
Quantas ordens e quantas classes tem esse número?

2 Dona Lúcia quer preparar uma sobremesa especial para o almoço de hoje, mas não tem alguns dos ingredientes em sua despensa. Ela fez uma lista dos ingredientes de que precisa para a receita. Veja a lista de compras.

- 1 dúzia e meia de ovos.
- 4 dúzias de morangos.
- 2 dúzias e meia de pêssegos.
- 1 dúzia de maçãs.
- Meia dúzia de laranjas.

Quando chegou à feira, pediu ao feirante que separasse o pedido.

Agora, seu Miguel vai separar as quantidades pedidas por dona Lúcia.
Escreva quantas unidades há em:

1 dúzia e meia de ovos. _____

2 dúzias e meia de pêssegos. _____

4 dúzias de morangos. _____

1 dúzia de maçãs. _____

E meia dúzia de laranjas. _____

3 Calcule mentalmente e escreva a resposta correta.

a) Antes de jogar, Luciano tinha 5 bolas de gude. Agora ele tem 17.

Quantas bolas de gude Luciano ganhou no jogo? _____

b) Maria tem 6 chocolates.

Quantos chocolates faltam para ter 24? _____

c) Chegaram ao mercado 5 dúzias e meia de ovos para vender.

Quantas unidades de ovos chegaram ao mercado?

_____

4 Leia as informações e escreva uma operação que as represente.

a) Associando-se as parcelas de uma adição de modos diferentes, o resultado não se altera. _____

_____

b) Subtraindo-se o mesmo número do minuendo e do subtraendo, o resto não se altera. _____

c) Em uma multiplicação, trocando-se a ordem dos fatores, o produto não se altera. _____

d) Multiplicando o divisor pelo quociente, encontramos o dividendo.

_____

8

5 Responda.

- Qual é a sua idade? _____

- Qual é o seu peso? _____

- Qual é a sua altura? _____

- A que horas você acorda? _____

6 Responda.

a) Que nome recebe o poliedro que possui 4 faces triangulares e uma quadrada? _____

b) Como se chama o poliedro que se assemelha ao dado?

_____

c) Que nome recebe, nos poliedros, a linha formada pelo encontro de duas faces? _____

d) Como se chama a região plana, fechada simples, contornada por segmentos de reta? _____

e) Que nomes recebem os polígonos de 3, de 4 e de 5 lados?

_____

7 Calcule e escreva o perímetro destas figuras.

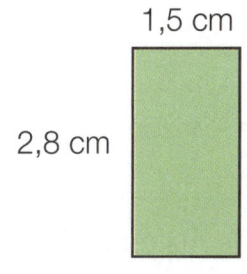
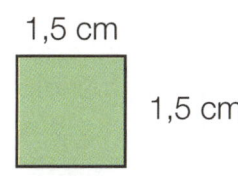
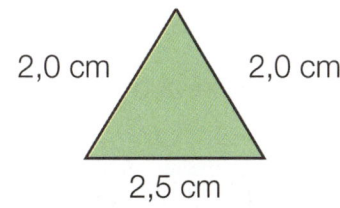

8 Observe este caminhão que pesa 3 toneladas.

É correto dizer que ele tem 3 toneladas ou 3 000 quilogramas? _____

9 Observe a planta de um trecho de uma cidade.

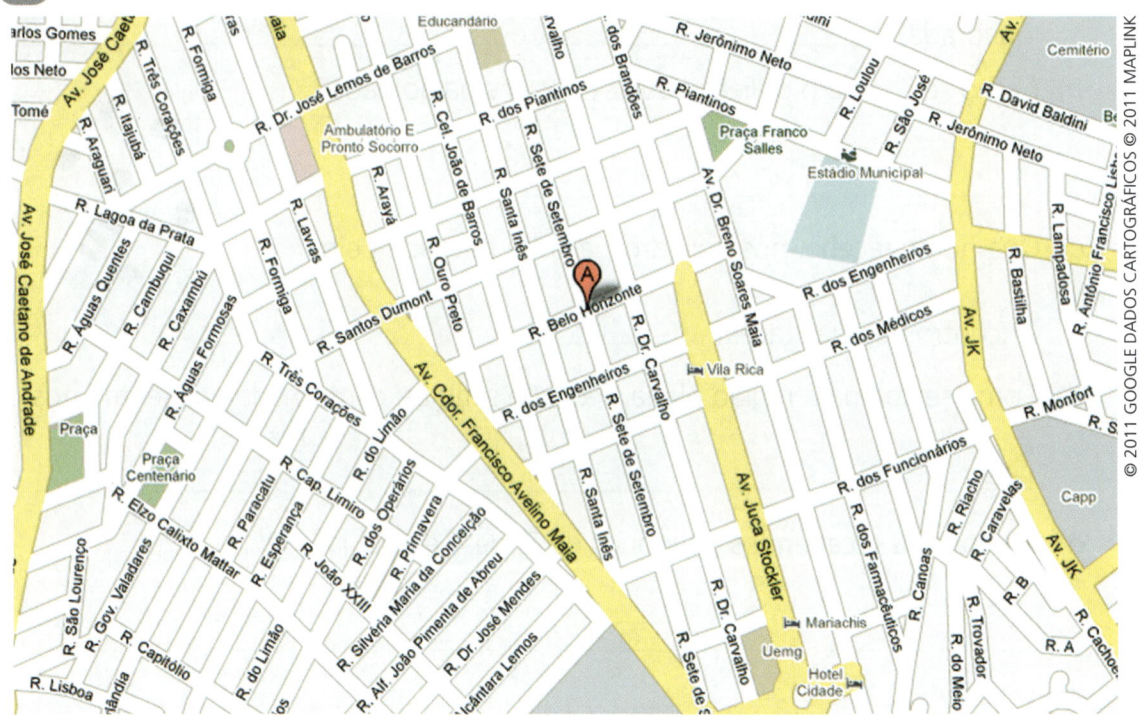

a) Escreva o nome de duas ruas paralelas à Rua Belo Horizonte, indicada com um balão vermelho.

_____

b) Escreva o nome de duas ruas perpendiculares à Rua Belo Horizonte.

_____

c) Localize na planta o Estádio Municipal. Escreva o nome da rua onde ele está localizado. _____

10 Resolva.

Com 1 litro de leite posso encher 5 copos, como mostra a ilustração.

Durante uma semana, as crianças consomem as seguintes quantidades:

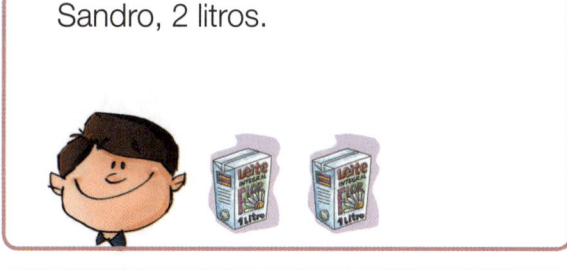

a) Quantos copos de leite cada criança bebe em uma semana?

_____

b) Quem bebe mais copos de leite por semana? Quantos?

_____

11 Pesquise, recorte e cole no caderno figuras de coisas que são medidas em litros.

PARA SE DIVERTIR

HAGAR — DIK BROWNE

PROBLEMAS

1) Ana Paula ganhou uma caixa de chocolate. Já comeu 8 e ainda há 48 chocolates na caixa. Quantos chocolates havia na caixa?

Resposta: _____

2) Uma fábrica de roupas vendeu 1 843 calças, 2 576 camisas e 1 265 bermudas. Quantas peças de roupa foram vendidas?

Resposta: _____

3 Papai pesa 76 quilogramas. Mamãe pesa 62 quilogramas. Quantos quilogramas papai pesa a mais que mamãe?

Resposta: _____

4 Luísa comprou 2 quilogramas de cenoura, 3 quilogramas de batata e 2 quilogramas de pepino. Quantos quilogramas Luísa comprou ao todo?

Resposta: _____

5 Em uma caixa há 45 limões. Quantos limões há em 7 caixas?

Resposta: _____

6 Papai distribuiu 375 caixas que continham 4 dezenas e meia de chocolates cada uma. Ao todo, quantos chocolates foram distribuídos?

Resposta: _____

Observe o gráfico abaixo. Ele mostra que os países menos desenvolvidos possuem uma proporção maior de crianças em relação à população total. Depois, responda às questões.

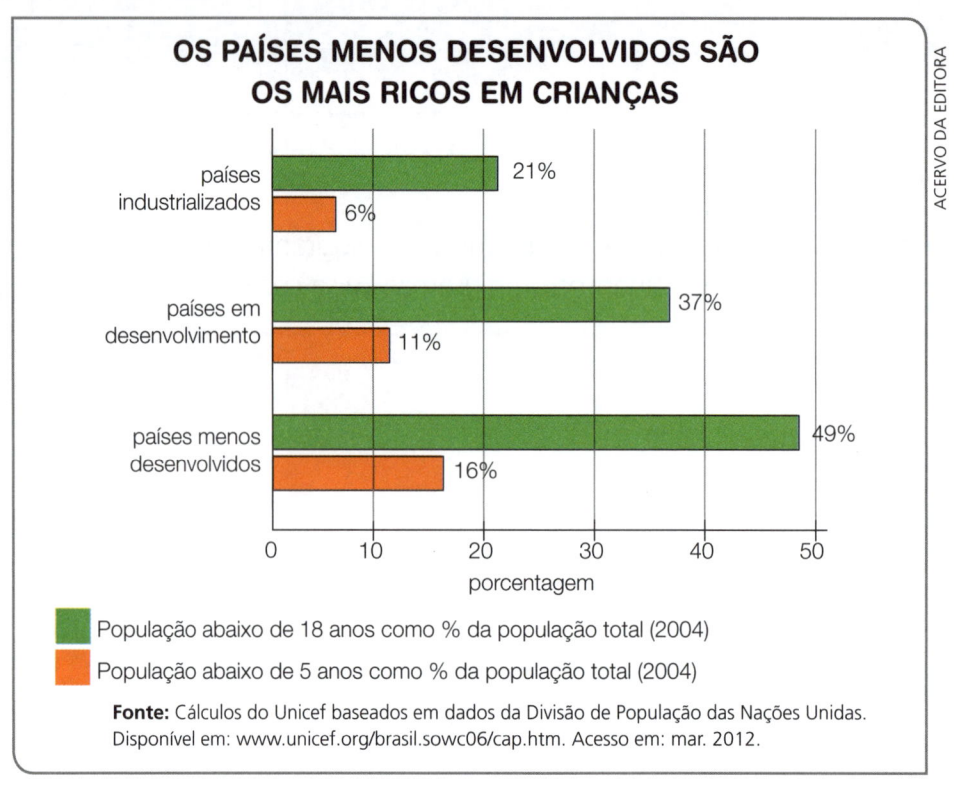

a) Como se chama esse tipo de gráfico? _____

b) O que o gráfico está mostrando? _____

c) O que indica a cor verde no gráfico? _____

d) E a cor laranja? _____

e) Qual é a porcentagem de menores de 18 anos em países menos desenvolvidos? _____

f) Qual é a porcentagem de menores de 18 anos em países industrializados? _____

g) Qual é a diferença entre a porcentagem de menores de 18 anos em países menos desenvolvidos e industrializados? _____

h) Qual é a porcentagem de menores de 5 anos em países menos desenvolvidos? _____

i) Qual é a porcentagem de menores de 5 anos em países industrializados? _____

SISTEMA DE NUMERAÇÃO DECIMAL

Um pouco de história

Leia um pouco da história do surgimento dos números.

Marcas e dedos

O ser humano usava pedrinhas para contar objetos, animais, plantas. Além das pedrinhas, outros recursos costumavam auxiliá-lo nessas contagens.

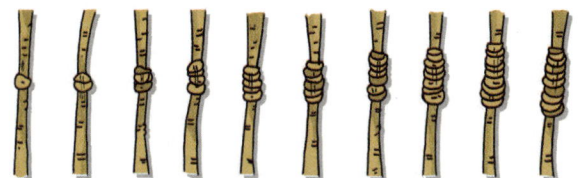

Nós em cordas.

Marcas em pedra, osso ou madeira.

Nosso corpo teve um papel importantíssimo ao longo dos milhares de anos que se levou para criar os números.

Na língua falada por alguns povos indígenas, para referir-se à quantidade cinco, eles dizem **mão**. Para referir-se ao dez, dizem **duas mãos**. Em alguns casos ainda, para dizer vinte, dizem **um homem completo**, indicando que, depois de contar com os dedos das mãos, passaram a usar também os dedos dos pés.

Veja no desenho ao lado um exemplo de como a mão foi utilizada para realizar contagens.

A associação entre dedos e números até hoje está presente na palavra dígito. De fato, essa palavra, sinônimo de "algarismo", provém de *digitus*, que em latim significa "dedo".

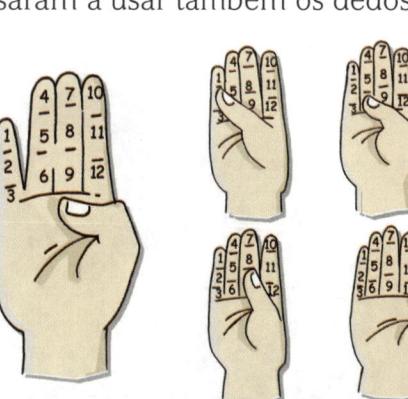

Maneira de contar até 12 usando as falanges dos quatro dedos maiores. É utilizada ainda hoje no Egito, no Iraque, na Turquia, no Irã e na Índia, entre outros países.

Luiz Márcio Imenes.
Os números na história da civilização.
São Paulo: Scipione, 1989.
(Coleção Vivendo a Matemática).

Essa história não para por aí...

Com o passar do tempo, o comércio entre os povos foi aumentando e novas formas de representar os números foram surgindo.

Numeração egípcia

Numeração romana

I	V	X	L	C	D	M
um	cinco	dez	cinquenta	cem	quinhentos	mil

Numeração indo-arábica

0	1	2	3	4	5	6	7	8	9
zero	um	dois	três	quatro	cinco	seis	sete	oito	nove

Vários sistemas de numeração foram criados por diferentes civilizações. Hoje, na maioria dos países, incluindo o Brasil, o **Sistema de Numeração Decimal** é o mais utilizado.

Os dez símbolos do Sistema de Numeração Decimal, que podem representar qualquer número, são conhecidos por **algarismos indo-arábicos**.

Quando os homens começaram a realizar contagens, perceberam que era mais fácil fazer agrupamentos. Como usavam muito os dedos das mãos para contar, passaram a agrupar de 10 em 10.

MARCELO GAGLIANO

Observe os agrupamentos.

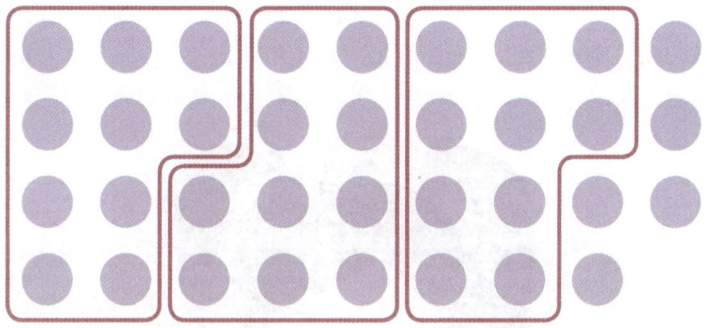

foram agrupados ⟶ 3 grupos de 10 unidades

restaram ⟶ 5 unidades

O sistema de agrupar de 10 em 10 unidades ficou conhecido como **sistema de base 10**, também chamado de **sistema decimal**.

Os 10 algarismos que constituem o Sistema de Numeração Decimal são algarismos indo-arábicos:

1, 2, 3, 4, 5, 6, 7, 8, 9, 0

Veja a evolução da representação escrita desses algarismos.

Indiano séc. III a.C.	ˋ 3 ϟ ϗ F 𖤇 ϑ 5 9
Indiano séc. IV-VI	1 3 3 ϡ ᕽ 𖤇 7 5 9 0
Árabe Oriental séc. IX	1 ʇ ȝ ʓ 4 6 ʔ 8 9 0
Árabe Ocidental séc. XI	1 2 3 ʓ 4 6 ʔ 8 9 0
Europeu séc. XVI	1 Z 3 ʓ 5 6 ʌ 8 9 0
Atual	1 2 3 4 5 6 7 8 9 0

Fonte: Marília Toledo, Mauro Toledo. *A construção da matemática.* São Paulo: FTD, 1997. p. 62.

Valor relativo e valor absoluto

No Sistema de Numeração Decimal as quantidades são agrupadas de 10 em 10. Gabriela contou suas canetas. Para isso, ela formou grupos de 10. Observe.

- Quantos copos aparecem na cena?
- Quantos copos têm 10 canetas?
- Quantas canetas Gabriela tem?

No Sistema de Numeração Decimal, cada algarismo possui dois valores:

- **valor relativo (VR)** – valor que o algarismo representa na composição do número.
- **valor absoluto (VA)** – valor que o algarismo representa, independentemente da posição que ele ocupa no número.

Exemplo:

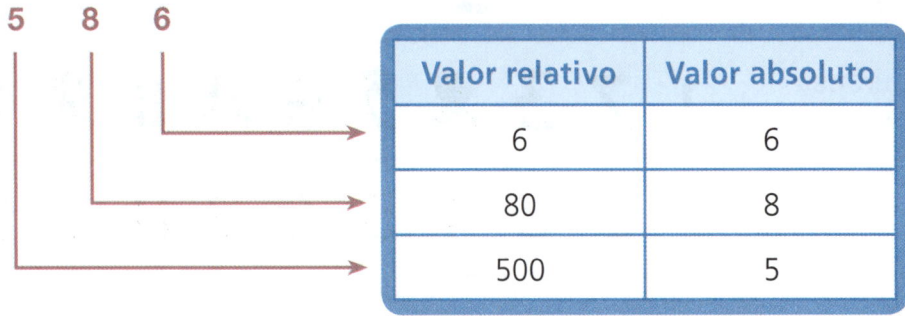

Valor relativo	Valor absoluto
6	6
80	8
500	5

ATIVIDADES

1 Quanto representa o algarismo 1 em cada número?

| 531 | 214 | 185 | 1 647 |

_____ _____ _____ _____

2 Observe o número 8 635 representado no ábaco e escreva o que se pede.

a) O algarismo de maior valor absoluto. _____

b) O algarismo de menor valor absoluto. _____

c) O algarismo de maior valor relativo. _____

d) O algarismo de menor valor relativo. _____

e) O valor relativo do algarismo 6. _____

f) O valor relativo do algarismo 3. _____

g) O valor relativo do algarismo 8. _____

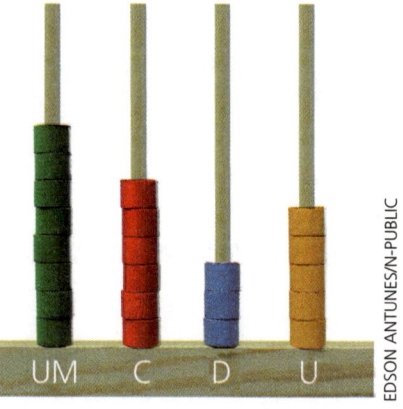

3 No número 2009, se trocarmos o algarismo da centena com o da unidade, que número obteremos? _____

Qual número teve seu valor relativo alterado? _____

4 Ao lado de cada número abaixo, escreva o valor relativo do número 8.

a) 28 931 _____

b) 81 447 _____

c) 640 184 _____

d) 692 068 _____

e) 430 837 _____

19

Ordens e classes

Vimos que a base do Sistema de Numeração Decimal é 10.

> Dez unidades de uma ordem formam uma unidade de ordem imediatamente superior.

Assim, temos:
- 10 unidades formam 1 **dezena**.
- 10 dezenas formam 1 **centena**.
- 10 centenas formam 1 **unidade de milhar**.
- 10 unidades de milhar formam 1 **dezena de milhar**.
- 10 dezenas de milhar formam 1 **centena de milhar**.
- 10 centenas de milhar formam 1 **unidade de milhão**, e assim por diante.

> Cada algarismo ocupa uma ordem.

As ordens são contadas da direita para a esquerda. Observe.

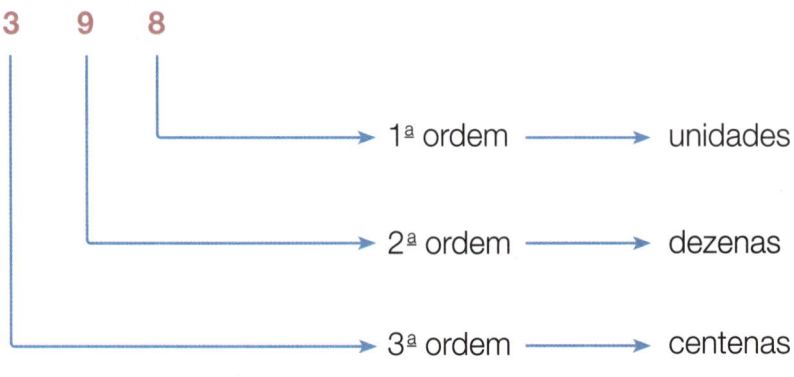

> Três ordens formam uma **classe**.

A classe formada pelas três primeiras ordens chama-se **classe das unidades**.

CLASSE DAS UNIDADES		
3ª ordem	2ª ordem	1ª ordem
centenas	dezenas	unidades
3	9	8

A partir da classe das unidades, cada grupo de três ordens – unidades, dezenas e centenas – forma outra classe.

Observe, no quadro, a representação da segunda classe: **classe dos milhares**.

2ª CLASSE			1ª CLASSE		
Milhares			Unidades		
6ª ordem	5ª ordem	4ª ordem	3ª ordem	2ª ordem	1ª ordem
Centenas de milhar	Dezenas de milhar	Unidades de milhar	Centenas	Dezenas	Unidades

Agora, veja no quadro a representação da terceira classe: **classe dos milhões**.

3ª CLASSE			2ª CLASSE			1ª CLASSE		
Milhões			Milhares			Unidades		
9ª ordem	8ª ordem	7ª ordem	6ª ordem	5ª ordem	4ª ordem	3ª ordem	2ª ordem	1ª ordem
C	D	U	C	D	U	C	D	U

Leitura e escrita

Veja no quadro de ordens como é formado o número **786 973 852**.

3ª CLASSE			2ª CLASSE			1ª CLASSE		
Milhões			Milhares			Unidades		
9ª ordem	8ª ordem	7ª ordem	6ª ordem	5ª ordem	4ª ordem	3ª ordem	2ª ordem	1ª ordem
C	D	U	C	D	U	C	D	U
7	8	6	9	7	3	8	5	2

Setecentos e oitenta e seis milhões, novecentos e setenta e três milhares e oitocentas e cinquenta e duas unidades.

ou

Setecentos e oitenta e seis milhões, novecentos e setenta e três mil e oitocentos e cinquenta e dois.

Decomposição numérica

Observe como lemos o número 2 222.

2 222 ⟶ dois mil, duzentos e vinte e dois

Para determinar o valor de cada algarismo, podemos decompor assim:

2 222 = 1 000 + 1 000 + 100 + 100 + 10 + 10 + 1 + 1
          2 × 1 000   2 × 100   2 × 10   2 × 1

Então:

2 222 = 2 × 1 000 + 2 × 100 + 2 × 10 + 2 × 1
2 222 = 2 000 + 200 + 20 + 2

Agora, veja outra forma de decomposição. Vamos decompor o número **314 675 290**.

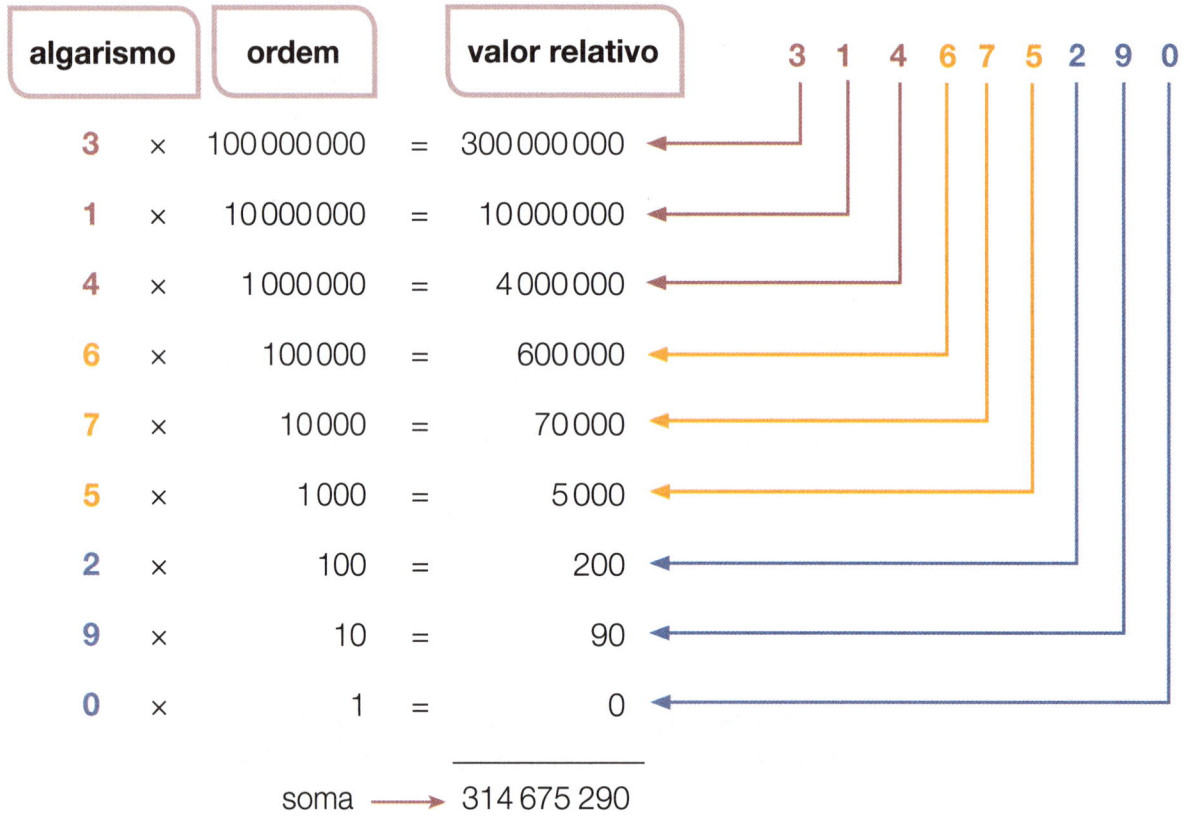

Lê-se: trezentos e quatorze milhões, seiscentos e setenta e cinco mil e duzentos e noventa unidades.

ATIVIDADES

1 No quadro abaixo, escreva os valores absoluto e relativo de cada algarismo destacado.

MILHÕES			MILHARES			UNIDADES			ALGARISMOS DESTACADOS	
C	D	U	C	D	U	C	D	U	VALOR ABSOLUTO	VALOR RELATIVO
	7	**4**	8	7	2	4	3	2		
			6	0	0	**3**	2	0		
					1	2	7	9		
4	**9**	3	8	7	6	1	3	2		

2 Observe a representação feita no quadro abaixo. Decifre os códigos e represente os números.

	3ª CLASSE			2ª CLASSE			1ª CLASSE		
	MILHÕES			MILHARES			UNIDADES		
	C	D	U	C	D	U	C	D	U
a)				I	II	I	III	II	IIII
b)					II	II	IIIII	II	IIII
c)			II	IIII	III	I	II	IIIII	III
d)			IIIII	III	IIII	IIIII	II	III	IIIIIII
e)				IIIII	IIIII	II	II	I	IIII

a) 121 325

b) _____

c) _____

d) _____

e) _____

3 Represente os números como no exemplo.

> 8 centenas e 7 unidades ⟶ 807

a) 4 unidades de milhar, 6 centenas e 3 unidades. _____

b) 7 centenas de milhar, 6 dezenas de milhar, 3 unidades de milhar, 4 centenas, 2 dezenas e 1 unidade. _____

c) 5 unidades de milhão, 3 dezenas de milhar, 9 unidades de milhar e 4 unidades. _____

4 Com relação ao número 28 596 473, responda.

a) Qual algarismo ocupa a ordem das unidades? _____

b) Qual algarismo ocupa a ordem das dezenas? _____

c) O algarismo 4 ocupa qual ordem? _____

d) Qual algarismo ocupa a ordem das dezenas de milhar? _____

e) O algarismo 5 ocupa qual ordem? _____

f) O algarismo 8 ocupa qual ordem? _____

5 Nos números abaixo, qual ordem ocupa o algarismo 1?
Veja o exemplo:

> 19 222 ⟶ ordem das dezenas de milhar

a) 128 930: _____

b) 1 447: _____

c) 760 271: _____

d) 330 928 417: _____

e) 868 348 135: _____

f) 91 068: _____

6 Escreva o valor relativo do algarismo destacado e a ordem que ele ocupa no número.

	VALOR RELATIVO	ORDEM
4 784		
6 2 932		
1 **9** 6		
7 **8** 9 354		
6 **7** 90 312		

7 Por quantas classes são formados estes números?

a) 8 009 ⟶ _____

b) 21 ⟶ _____

c) 1 796 ⟶ _____

d) 5 810 037 ⟶ _____

e) 46 090 ⟶ _____

f) 8 ⟶ _____

8 Represente com algarismos os números que você lê a seguir.

a) Setenta e dois milhares, trezentas e duas unidades. _____

b) Cento e quarenta milhões, dois milhares e sete unidades. _____

c) Oito milhares e quarenta e cinco unidades. _____

d) Três milhões, três mil e quatro unidades. _____

e) Dez mil, trezentos e sete unidades. _____

f) Quarenta milhões, cinco mil e oito unidades. _____

9 Observe o exemplo e decomponha os números abaixo.

> 8 493 ⟶ 8 000 + 400 + 90 + 3

a) 3 721 _____

b) 15 945 _____

c) 584 _____

d) 10 836 _____

e) 5 372 _____

f) 342 128 _____

10 Represente os números abaixo no quadro de ordens, completando-o.

a) 5 604 932
b) 18 751
c) 264 320
d) 76 224 342
e) 8 735 067
f) 76 224 342

	MILHÕES			MILHARES			UNIDADES		
	C	D	U	C	D	U	C	D	U
a)									
b)									
c)									
d)									
e)									
f)									

11 Escreva como você lê os números a seguir.

a) 754 692 _____

b) 486 602 984 _____

c) 5 258 420 _____

d) 6 539 _____

e) 30 672 _____

f) 592 385 823 _____

INFORMAÇÃO E ESTATÍSTICA

Observe, na tabela abaixo, a população total de cada país em 2014.

PAÍS	POPULAÇÃO TOTAL EM 2014
Brasil	202 033 670 habitantes
Argentina	41 803 125 habitantes
Chile	17 772 871 habitantes
Peru	30 769 077 habitantes

Fonte: Disponível em: http://www.ibge.gov.br/paisesat/main_frameset.php. Acesso em: jul. 2018.

1 Preencha o quadro de ordens com os números correspondentes à população de cada país.

	MILHÕES			MILHARES			UNIDADES		
	C	D	U	C	D	U	C	D	U
Brasil									
Argentina									
Chile									
Peru									

2 Escreva como se lê o número que representa a população de cada país:

- Brasil: _____

- Argentina: _____

- Chile: _____

- Peru: _____

3 Qual país possuía a maior população em 2014?

_____

OPERAÇÕES COM NÚMEROS NATURAIS – ADIÇÃO E SUBTRAÇÃO

Adição

Vamos relembrar ideias relacionadas à adição.

> Ao final de um jogo, Carla e Guilherme conferiram seus pontos. Carla conseguiu 134 pontos e Guilherme fez 16 pontos a mais que Carla. Quantos pontos Guilherme fez?

Observe as diferentes estratégias que Mariana, Raul e Tomás encontraram para resolver esse problema.

1

Carla: 134
Guilherme: 134 + 16
100 + 30 + 4   10 + 6
100 + 40 + 10
100 + 50
150
Guilherme fez 150 pontos.

Mariana

2

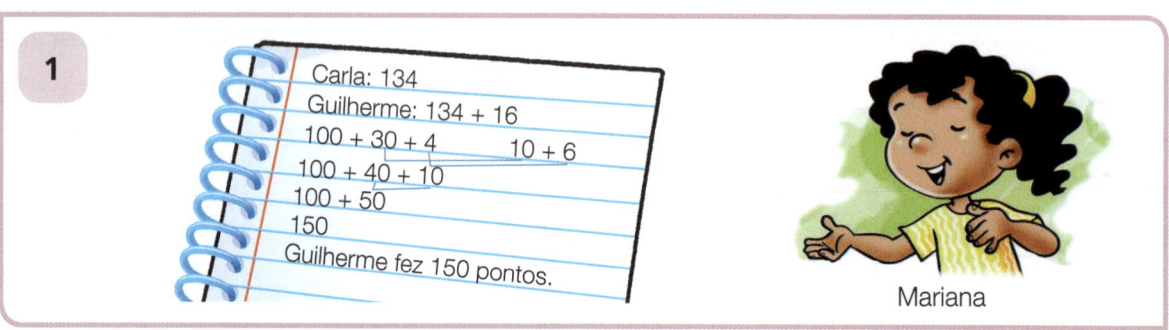

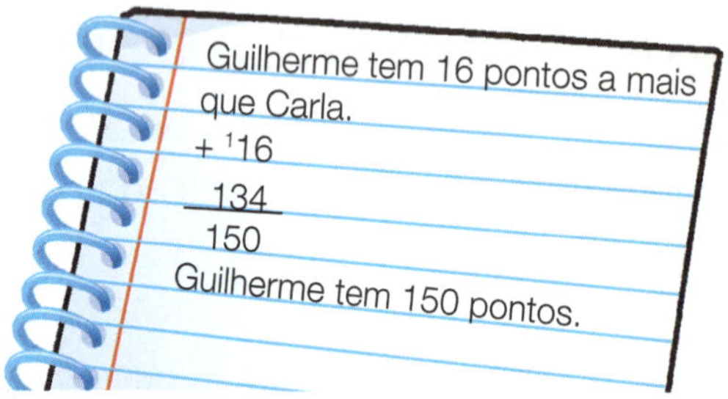

Guilherme tem 16 pontos a mais que Carla.
+ ¹16
  134
  150
Guilherme tem 150 pontos.

Raul

3

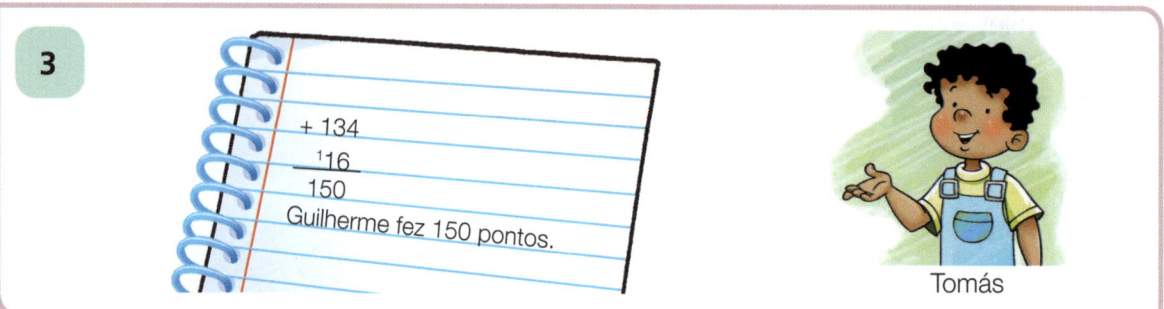

+ 134
  ¹16
  150
Guilherme fez 150 pontos.

Tomás

- O que você percebeu nas três estratégias?

- Como você resolveria esse problema? Justifique.

- Compare a estratégia de Raul com a de Tomás. Qual é o nome dado à propriedade em que a ordem das parcelas não altera a soma?

Observe outra situação e as estratégias utilizadas por Mariana, Raul e Tomás.

Ricardo tinha 50 figurinhas. No seu aniversário ganhou 12 figurinhas do seu irmão e 17 de seu primo. Com quantas figurinhas Ricardo ficou?

1

Mariana

ILUSTRAÇÕES: JOSÉ LUÍS JUHAS

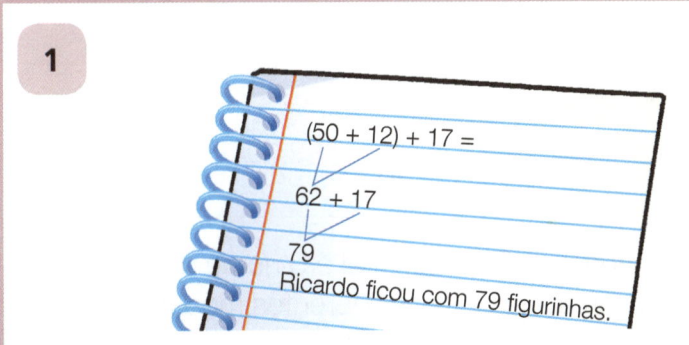

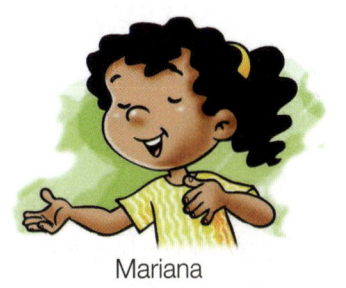

2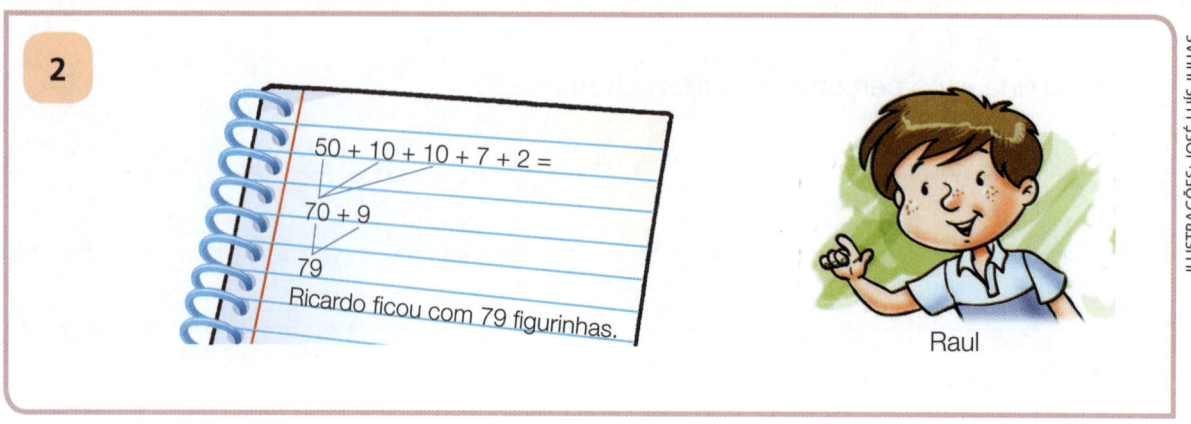

3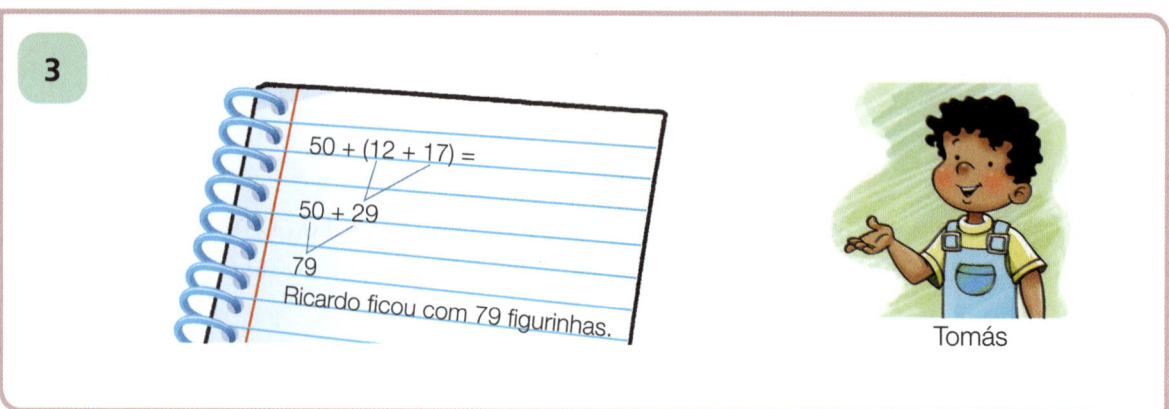

- O que você percebeu nas estratégias?

  _____
  _____
  _____

- Qual é a diferença entre a estratégia de Raul e a de Mariana?

  _____
  _____
  _____

- Compare as estratégias de Mariana e de Tomás. Qual é o nome dado à propriedade em que a soma não se altera com os diferentes modos de associar as parcelas?

  _____

Subtração

Veja algumas situações que envolvem a subtração.

> Em uma caixa, há bolinhas azuis e vermelhas. No total são 37 bolinhas, sendo que 19 são vermelhas. Quantas são as bolinhas azuis?

Observe as estratégias de Mariana, Raul e Tomás para resolver essa situação.

1

```
vermelhas    azuis    total
   19      +   ?   =   37
   37
 − 19
   12
```
São 12 bolinhas azuis.

Mariana

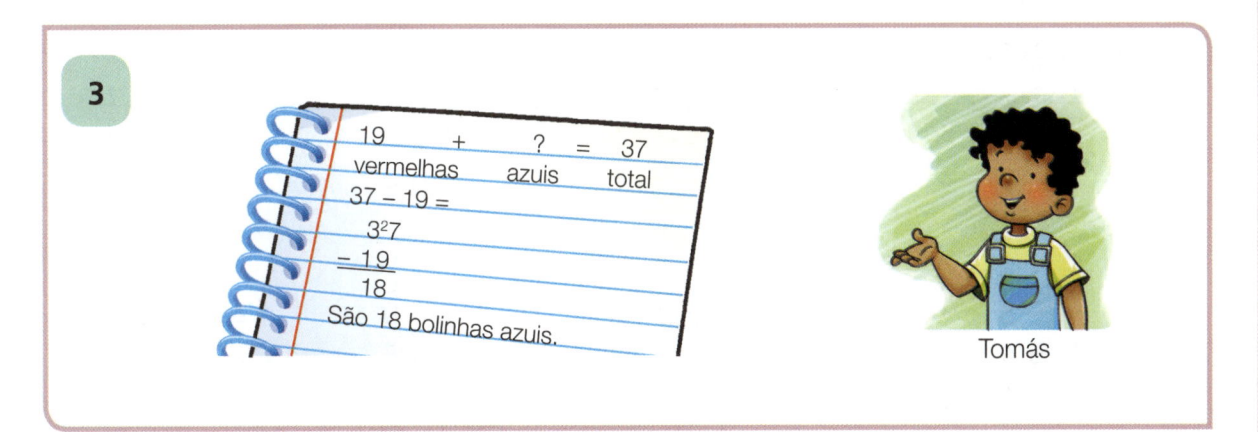

2

```
19 bolinhas vermelhas +
bolinhas azuis = 37 bolinhas
37 − 19 =
   20 + 17              ¹19
 − 10 + 9             + 18
 + 10 + 8               37
     18
```
São 18 bolinhas azuis.

Raul

3

```
   19    +    ?    =   37
vermelhas   azuis    total
37 − 19 =
   3²7
 − 1 9
    18
```
São 18 bolinhas azuis.

Tomás

- Quais crianças resolveram corretamente?
  _____

- Qual foi o erro de Mariana?
  _____
  _____

- Qual é a diferença entre a estratégia de Raul e Tomás?
  _____
  _____

- Que criança utilizou a verificação da subtração para confirmar a resposta?
  _____

- Que estratégia você utilizaria?

ATIVIDADES

1 Efetue as seguintes operações:

a) 375
   +249
   ____

b) 3829
    6454
   + 656
   _____

c) 836
   +594
   ____

d) 763
   −242
   ____

e) 521
    176
   + 99
   ____

f) 369
   −136
   ____

g) 5720
    3096
   +1585
   _____

h) 6000
   −1912
   _____

2 Observe o exemplo e, utilizando a propriedade associativa, resolva as adições.

$$9 + 7 + 5 \qquad (9 + 7) + 5 = 9 + (7 + 5)$$
$$16 + 5 = 9 + 12$$
$$21 = 21$$

a) 23 + 14 + 9

d) 24 + 6 + 4

b) 16 + 8 + 10

e) 3 + 15 + 5

c) 35 + 12 + 26

f) 13 + 7 + 9

3 Utilize a propriedade comutativa e resolva as adições.

$$528 + 372$$

```
   1 1              1 1
   5 2 8            3 7 2
 + 3 7 2          + 5 2 8
 -------          -------
   9 0 0            9 0 0
```

a) 349 + 28

c) 250 + 85 + 46

b) 731 + 189

d) 448 + 302 + 95

4 Resolva as adições. Em seguida, verifique se estão corretas.

a) 6 498 + 3 245

c) 685 + 3 725 + 756

b) 2 035 + 6 821 + 836

d) 26 853 + 45 826 + 32 600

5 Observe estas duas operações:

```
  5 6          3 3
- 2 3        + 2 3
-----        -----
  3 3          5 6
```

O que você observou?

Agora, faça o mesmo com as operações indicadas.

a) 8 793 − 7 214

c) 38 674 − 29 218

b) 5 232 − 1 635

d) 82 000 − 872

6 Efetue as subtrações e faça a verificação.

a) 763 − 242

c) 1 984 − 658

b) 978 − 523

d) 22 718 − 12 386

7 Descubra o que está faltando no quadro! Escreva números ou sinais de + e –.
Utilize a calculadora para fazer os cálculos.

65 003			=	65 001
893 654	+		=	1 251 605
	–	159 369	=	99 285
26 894	+		=	237 552
478 632	–		=	156 664
	+	156 354	=	1 002 730
	–	84 633	=	10 999
4 298 034	+	75	=	
3 332 201	–		=	3 332 199
489	+		=	878
40 500	+		=	620 556
1 023 984		362	=	1 023 622

• Como você resolveu as atividades?
• Seus colegas resolveram as questões da mesma forma que você? Por quê?

DESAFIO

Observe as operações. Pense e escreva os números que estão faltando.

a)
```
    ☐ 7 ☐ ☐ ☐
  + 2 ☐ 3 6 5
  ─────────────
    7 7 7 7 7
```

b)
```
    8 7 ☐ 9 6
  + ☐ ☐ 8 ☐ 5
  ─────────────
    8 9 2 5 1
```

c)
```
    1 0 9 3 ☐
  + 2 3 ☐ 5 6
  ─────────────
  ☐ 4 3 8 7
```

d)
```
    4 3 ☐ 4
  – 1 ☐ 0 ☐
  ─────────
    2 9 9 2
```

e)
```
    9 1 9 9 2
  – 1 ☐ 7 8 ☐
  ─────────────
    7 8 2 ☐ 1
```

f)
```
    ☐ 5 5 ☐
  – 2 1 ☐ 2
  ─────────
  ☐ 3 8 3
```

PROBLEMAS

Observe a cena.

Pedro acaba de quebrar uma vidraça.

Como ele pode resolver esse problema?

a) Avisar a dona da casa que ele quebrou a vidraça, sem querer.

b) Fugir imediatamente do local.

c) Pedir a seu pai que pague o conserto.

d) Afirmar que não foi ele o causador do estrago.

Como resolver um problema

O que você faria numa situação como essa?

Seja lá qual for a solução, é importante equacionar a situação, avaliar as alternativas e tomar uma decisão acertada.

Em Matemática acontece uma situação parecida.

Um problema matemático envolve números e precisa ser resolvido com raciocínio e operações. Para isso, é preciso:

- fazer a leitura do enunciado várias vezes;
- reconhecer o que é dado e o que é pedido;
- identificar a operação envolvida para encontrar a solução;
- verificar se a solução é adequada;
- escrever a resposta completa do que foi pedido.

Agora, utilizando essas orientações, resolva os problemas a seguir.

1 Marcelo tem 275 chaveiros. Felipe tem 187 a mais do que Marcelo. Sandro tem 363. Quantos chaveiros os três meninos têm juntos?

Resposta: _____

2 Um feirante comprou 8 centenas de laranjas, 2 centos e meio de mangas e 670 abacaxis para vender na feira. Quantas frutas o feirante comprou?

Resposta: _____

3 Anita tinha 145 selos em sua coleção. Ganhou alguns da tia dela e ficou com 182. Quantos selos Anita ganhou?

Resposta: _____

4 Em um teatro havia adultos e crianças. No total havia 904 pessoas, sendo 385 crianças. Quantos eram os adultos?

Resposta: _____

5 Em uma campanha, foram arrecadadas 4 830 camisas, 2 670 calças e 1 516 vestidos. Quantas peças de roupa foram arrecadadas?

Resposta: _____

6 Para fazer uma viagem, uma pessoa saiu de casa às 8 horas e chegou ao destino às 17 horas. Quanto tempo durou a viagem?

Resposta:_____

7 Em uma escola havia 1 400 alunos, sendo 380 no primeiro período e 430 no segundo. Quantos alunos havia no terceiro período?

Resposta:_____

8 Tenho duas contas de água a pagar, uma de R$ 58,00 e outra de R$ 89,00. Quantos reais faltam se já possuo R$ 120,00?

Resposta: _____

9 Pedro tem 1 972 bolinhas de gude. Maria tem 380 bolinhas a menos que Pedro. Quantas bolinhas os 2 têm juntos?

Resposta: _____

10 Um pipoqueiro fez 450 sacos de pipocas doces e 580 sacos de pipocas salgadas. Vendeu 336 sacos de pipocas doces e 265 sacos de pipocas salgadas. Quantos sacos de pipocas sobraram?

Resposta: _____

11 Juliana tem 210 figurinhas. Carla tem 36 figurinhas a mais do que Juliana e Sílvia tem 75 figurinhas a menos do que Carla. Quantas figurinhas Sílvia tem?

Resposta: _____

DESAFIO

- Utilize os números das bolas coloridas para completar as bolinhas do triângulo. Em cada lado do triângulo, os números somados devem totalizar 12.

2   6   3

7   5   4

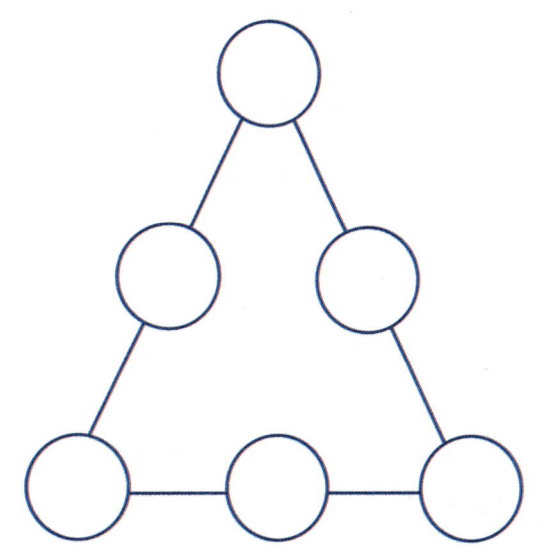

EU GOSTO DE APRENDER MAIS

1 Leia o que a professora Analu está dizendo.

> Vocês devem elaborar um problema em que, na resolução, apareça a seguinte soma:
>
> 4 385 + 3 889.

a) Leia os problemas elaborados por Adão e Maitê.

> Postei um vídeo na internet. Em uma semana teve 4 385 visualizações e, na outra semana, 3 889. Quantas visualizações meu vídeo teve nessas duas semanas?

> Em um *show* estavam presentes 4 385 pessoas, mas ainda faltavam chegar 3 889, previstas pelos organizadores. Quantas pessoas estavam previstas para esse *show*?

b) Agora é com você. Elabore no caderno um problema com a operação apresentada pela professora Analu.

c) Responda às perguntas desses dois problemas e também ao seu. Você precisou resolver três problemas? Explique.

d) Entregue seu problema para um colega conferir os cálculos efetuados.

4 OPERAÇÕES COM NÚMEROS NATURAIS – MULTIPLICAÇÃO E DIVISÃO

Ideias da multiplicação

Proporcionalidade

Vamos relembrar as ideias da multiplicação e da divisão?

Danilo comprou 6 pacotes de figurinhas e pagou R$ 30,00. Quanto pagaria se tivesse comprado 18 pacotes?

6 pacotes – R$ 30

18 pacotes – ?

Sabendo que 6 × 3 = 18, podemos considerar que 30 × 3 = 90.

Portanto, Danilo pagaria R$ 90,00 pelos 18 pacotes de figurinhas.

Quanto Danilo pagou em cada pacote de figurinhas?

6 pacotes – R$ 30

1 pacote – ?

30 ÷ 6 = 5

Então, Danilo pagou R$ 5,00 em cada pacote de figurinhas.

Comparação

Luciana tem 12 anos. A tia dela, Bárbara, tem o triplo de sua idade. Quantos anos tem Bárbara?

12 × 3 = 36

$$\begin{array}{r} 12 \\ \times3 \\ \hline 36 \end{array}$$

Bárbara tem 36 anos.

A prima de Luciana tem um terço da idade dela. Descubra a idade da prima de Luciana.

12 ÷ 3 = 4

Resposta: A prima de Luciana tem 4 anos.

Disposição retangular

Rui precisa guardar sua coleção de bolinhas de gude. Quantas bolinhas cabem em uma caixa de 5 fileiras com 7 repartições em cada uma?

5 × 7 = 35

ou

7 × 5 = 35

Rui ganhou mais bolinhas de gude e agora tem 42. Ele vai precisar de uma nova caixa e encontrou uma com 6 repartições. Quantas fileiras a caixa deverá ter para que caibam todas as bolinhas de gude da coleção?

42 ÷ 6 = 7

Resposta: A caixa deverá ter 7 fileiras.

Combinatória

Uma sorveteria oferece 5 sabores de sorvete e 3 tipos de cobertura. Quantas combinações diferentes são possíveis com um sabor de sorvete e um tipo de cobertura?

SABORES	COBERTURAS
flocos	chocolate
morango	caramelo
chocolate	morango
limão	
abacaxi	

Sabor	Cobertura
flocos	chocolate, caramelo, morango
morango	chocolate, caramelo, morango
chocolate	chocolate, caramelo, morango

Sabor	Cobertura
limão	chocolate, caramelo, morango
abacaxi	chocolate, caramelo, morango

Observe que, para cada sabor de sorvete, podemos combinar 3 tipos de cobertura. Então, para 5 sabores e 3 coberturas temos:

$$5 \times 3 = 15$$

Resposta: É possível fazer 15 combinações diferentes de sorvetes.

Em outra sorveteria, são oferecidos 8 tipos de sorvete, combinando alguns sabores, servidos em tigelas ou casquinhas. Descubra quantos são os sabores.

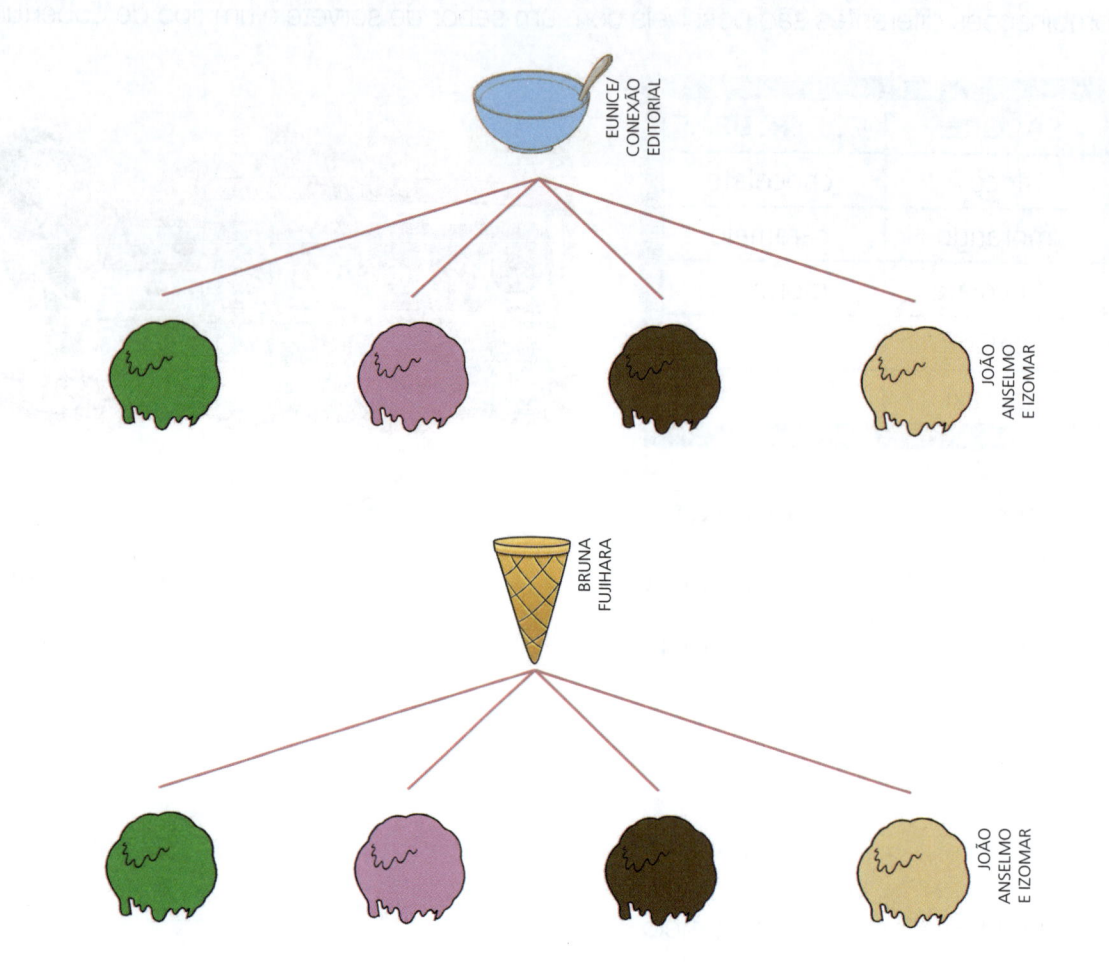

Observe que foi necessário dividir os 8 tipos de sorvete entre as duas maneiras de servi-los: em tigela e em casquinha.

8 ÷ 2 = 4

Resposta: São 4 sabores de sorvete.

Termos da multiplicação e da divisão

Nas situações apresentadas, você observou ideias da multiplicação e da divisão. Agora, relembre os termos de cada operação.

Multiplicação

```
   345   → multiplicando  ⎫
 ×   3   → multiplicador  ⎬ → fatores
  1 035  → produto
```

Divisão

```
dividendo ←     33 | 8   → divisor
               −32   4   → quociente
resto    ←      01
```

Verificação da divisão

Veja a divisão:

```
  98 | 7
 − 7   14
  ───
   28
 − 28
  ───
   00
```

Agora, veja a multiplicação:

14 × 7 = 98

Para verificar se a divisão está correta, multiplicamos o divisor pelo quociente e encontramos o dividendo.

Divisão exata: o resto é zero.

Veja esta outra divisão:

```
  98 | 6
 − 6   16
  ───
   38
 − 36
  ───
   02
```

Agora, veja a multiplicação:

16 × 6 + 2 = 98

Quando a divisão não é exata, multiplicamos o divisor pelo quociente e adicionamos o resto. O resultado é igual ao dividendo.

Divisão não exata: o resto é diferente de zero.

Em toda divisão de números naturais podemos concluir que:

- O dividendo é igual ao quociente multiplicado pelo divisor e somado ao resto.
- O quociente é sempre menor ou igual ao dividendo.
- O resto é sempre menor que o divisor.

ATIVIDADES

1 Efetue as multiplicações e verifique se o resultado está correto, empregando a divisão.

a) 375 × 42 _____

b) 826 × 334 _____

c) 962 × 86 _____

d) 650 × 178 _____

e) 540 × 429 _____

f) 741 × 275 _____

2 Se um fator é 684 e o outro é 76, qual é o produto? _____

3 Faça estas multiplicações em seu caderno e registre aqui o resultado.

a) 528 × 243 _____ g) 5 572 × 239 _____

b) 719 × 386 _____ h) 9 403 × 87 _____

c) 970 × 75 _____   i) 6 725 × 261 _____

d) 842 × 408 _____ j) 8 316 × 304 _____

e) 1 887 × 242 _____ k) 32 093 × 74 _____

f) 3 586 × 194 _____ l) 24 376 × 463 _____

4 Efetue as divisões. Em seguida, utilize a multiplicação para verificar se estão corretas.

a) 750 ÷ 6

d) 22 140 ÷ 270

b) 75 789 ÷ 189

e) 35 784 ÷ 284

c) 28 336 ÷ 616

f) 60 800 ÷ 640

5 Efetue as divisões em seu caderno. Depois, verifique os resultados aplicando esta relação:

dividendo = divisor × quociente + resto

a) 744 | 14

c) 999 | 20

e) 7805 | 42

b) 8561 | 22

d) 6327 | 63

f) 803 | 102

6 Use a calculadora para efetuar os cálculos. No quadro, assinale o resultado correto.

OPERAÇÃO	RESULTADO			
6 123 + 2 685	964	9 206	7 348	8 808
1 086 + 3 244	5 330	433	4 330	4 033
8 723 − 1 695	7 028	9 028	7 172	8 028
6 000 − 154	6 154	5 846	5 906	509
237 × 8	948	1 815	1 602	1 896
450 × 9	4 050	5 040	3 650	4 055
368 ÷ 8	460	46	54	62
306 ÷ 17	8	18	108	15
515 ÷ 5	13	105	35	103

7 Numa divisão, o dividendo é 258 e o divisor é 6. Qual é o quociente? E o resto?

Resposta: _____

8 Quantas vezes o número 616 cabe em 28 336?

Resposta: _____

Propriedades da multiplicação

4 × 7 = 28

números naturais   número natural

> Propriedade de **fechamento** da multiplicação.
> O produto de 2 números naturais é sempre um número natural.

$$4 \times 3 = 12 \quad \text{ou} \quad 3 \times 4 = 12$$

fatores   fatores

$$4 \times 3 = 3 \times 4 = 12$$

> **Propriedade comutativa da multiplicação.**
> Trocando-se a ordem dos fatores na multiplicação, o produto não se altera.

$$3 \times 4 \times 2 = 24$$
$$(3 \times 4) \times 2 = 3 \times (4 \times 2)$$
$$12 \times 2 = 3 \times 8$$
$$24 = 24$$

> **Propriedade associativa da multiplicação.**
> Associando-se 3 ou mais fatores de modos diferentes, o produto não se altera.

Exemplo envolvendo adição:

$$4 \times (3 + 2) = \quad\quad 4 \times (3 + 2)$$
$$= 4 \times 5 = 20 \quad\quad = (4 \times 3) + (4 \times 2) =$$
$$= 12 + 8 = 20$$

Exemplo envolvendo subtração:

$$5 \times (6 - 3) = \quad\quad 5 \times (6 - 3)$$
$$= 5 \times 3 = 15 \quad\quad = (5 \times 6) - (5 \times 3) =$$
$$= 30 - 15 = 15$$

> **Propriedade distributiva da multiplicação.**
> Para multiplicar um número por uma adição ou uma subtração, multiplicamos cada termo da adição ou da subtração por esse número e, em seguida, adicionamos ou subtraímos os produtos obtidos.

ATIVIDADES

1 Observe o exemplo e efetue as operações.

$$5 + 5 + 5 = 15 \longrightarrow 3 \times 5 = 15$$

a) 3 + 3 + 3 + 3 _____

b) 6 + 6 _____

c) 8 + 8 + 8 + 8 + 8 _____

d) 7 + 7 + 7 + 7 _____

- Que ideia de multiplicação você utilizou? _____

2 Aplique as propriedades indicadas e dê o resultado das operações.

Comutativa

a) 6 × 5 = _____

b) 8 × 4 = _____

c) 9 × 2 = _____

d) 15 × 12 = _____

e) 10 × 5 = _____

Associativa

a) 4 × 3 × 1 _____

b) 7 × 8 × 4 _____

c) 9 × 5 × 1 _____

d) 6 × 7 × 2 _____

e) 8 × 5 × 2 = _____

Distributiva

a) 3 × (6 − 3) = _____

b) 6 × (7 − 5) = _____

c) 5 × (3 + 9) = _____

d) 2 × (8 + 7) = _____

e) 7 × (2 + 3) = _____

DESAFIO

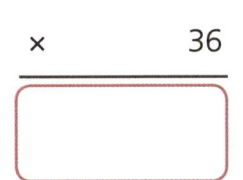

Resolva as multiplicações e veja que resultados curiosos! Utilize uma calculadora.

a) 12 345 679 × 18

b) 12 345 679 × 27

c) 12 345 679 × 36

d) 12 345 679 × 45

e) 12 345 679 × 54

f) 12 345 679 × 63

g) 12 345 679 × 72

h) 12 345 679 × 81

O que os resultados das multiplicações acima têm em comum? Todos os produtos são números formados por 9 dígitos iguais entre si.

Multiplicação e divisão por 10, 100 ou 1000

Observe o resultado das multiplicações no quadro de ordens.

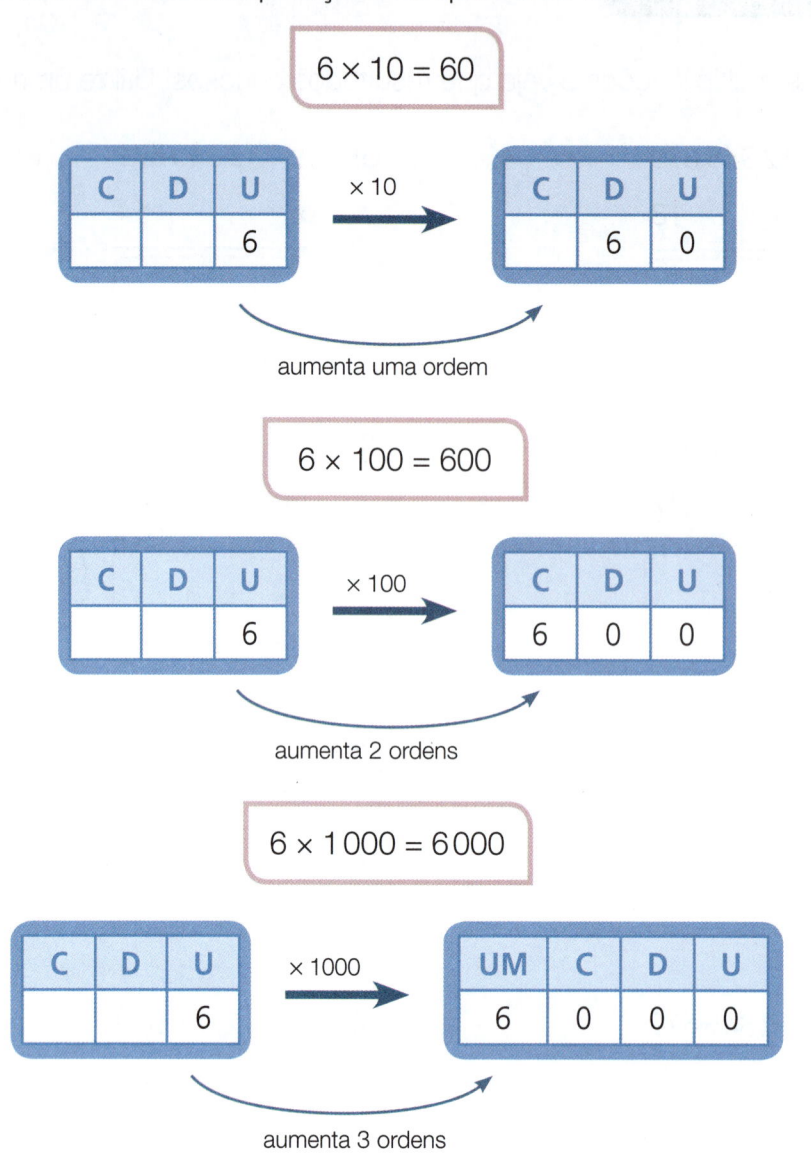

$6 \times 10 = 60$

C	D	U
		6

× 10 →

C	D	U
	6	0

aumenta uma ordem

$6 \times 100 = 600$

C	D	U
		6

× 100 →

C	D	U
6	0	0

aumenta 2 ordens

$6 \times 1000 = 6000$

C	D	U
		6

× 1000 →

UM	C	D	U
6	0	0	0

aumenta 3 ordens

Quando mutiplicamos por 10, por 100 ou por 1000, as ordens dos números aumentam em 1, 2 ou 3 ordens.

Agora, observe o que acontece na divisão:

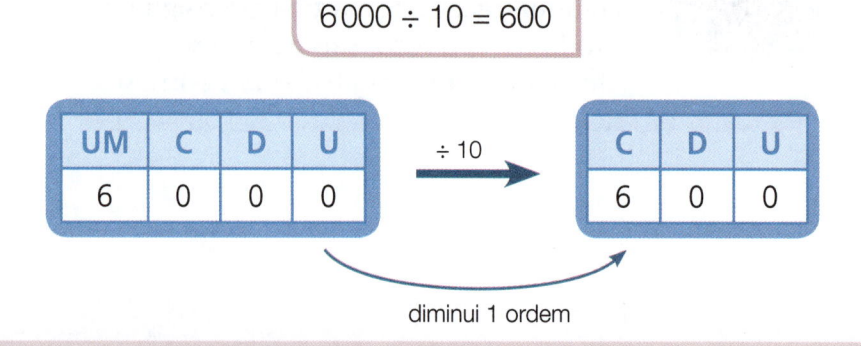

$6000 \div 10 = 600$

UM	C	D	U
6	0	0	0

÷ 10 →

C	D	U
6	0	0

diminui 1 ordem

6 000 ÷ 100 = 60

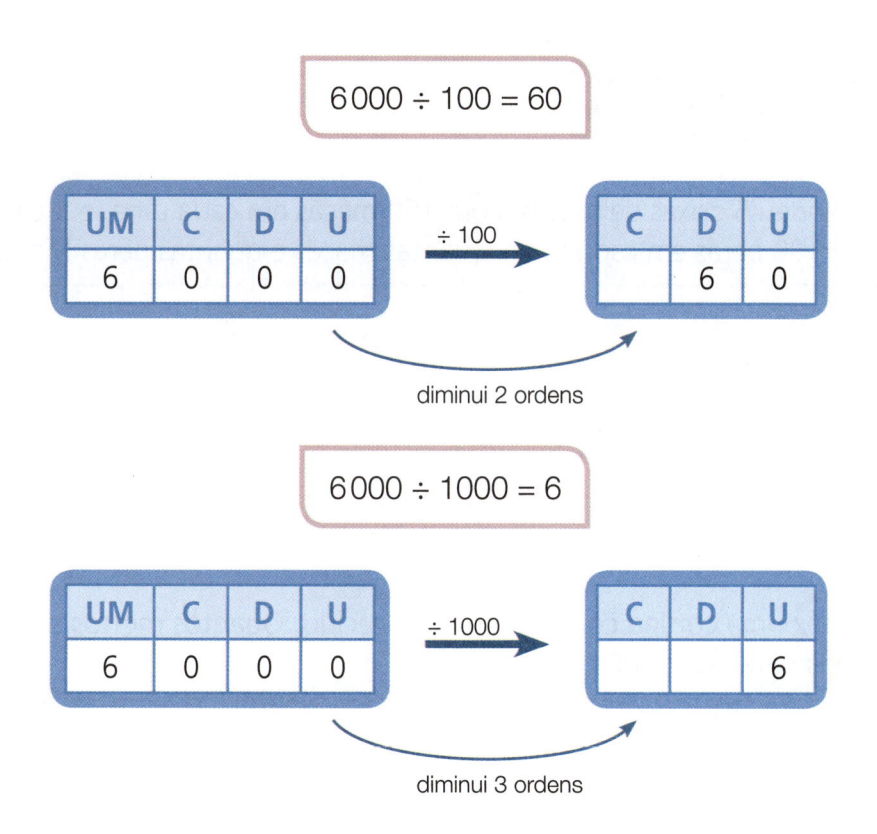

UM	C	D	U
6	0	0	0

÷ 100 →

C	D	U
	6	0

diminui 2 ordens

6 000 ÷ 1 000 = 6

UM	C	D	U
6	0	0	0

÷ 1000 →

C	D	U
		6

diminui 3 ordens

Quando dividimos por 10, por 100 ou por 1 000, as ordens dos números diminuem em 1, 2 ou 3 ordens.

ATIVIDADES

1 Observe os exemplos e resolva as multiplicações.

24 × 10 = 240   362 × 100 = 36 200   56 × 1 000 = 56 000

a) 14 × 100 _____
b) 8 × 1 000 _____
c) 368 × 100 _____
d) 85 × 1 000 _____
e) 106 × 10 _____
f) 94 × 100 _____
g) 94 × 1 000 _____
h) 10 × 1 000 _____
i) 402 × 100 _____

2 Efetue as divisões.

a) 60 ÷ 10 = _____
b) 40 ÷ 10 = _____
c) 80 ÷ 10 = _____
d) 90 ÷ 10 = _____
e) 8 000 ÷ 100 = _____
f) 9 500 ÷ 100 = _____
g) 2 400 ÷ 100 = _____
h) 6 500 ÷ 100 = _____
i) 81 000 ÷ 1 000 = _____
j) 48 000 ÷ 1 000 = _____
k) 20 000 ÷ 1 000 = _____
l) 63 000 ÷ 1 000 = _____

PROBLEMAS

1 Marcos vendeu 5 caixas de maçãs, com 160 maçãs em cada uma, e 3 caixas de peras, com 80 peras em cada uma. Quantas maçãs e quantas peras Marcos vendeu?

Resposta: _____

2 Carmem fez uma cortina com 3 metros de tecido. Quantos metros serão necessários para fazer 100 cortinas iguais?

Resposta: _____

3 Romeu comprou 86 caixas com 250 canetas em cada uma. Quantas canetas havia ao todo nas caixas?

Resposta: _____

4 Uma indústria distribuiu igualmente 4 centenas e meia de camisetas a 45 crianças. Quantas camisetas recebeu cada criança?

Resposta: _____

DESAFIO

Instruções: efetue as divisões e siga apenas a trilha onde o quociente for par.

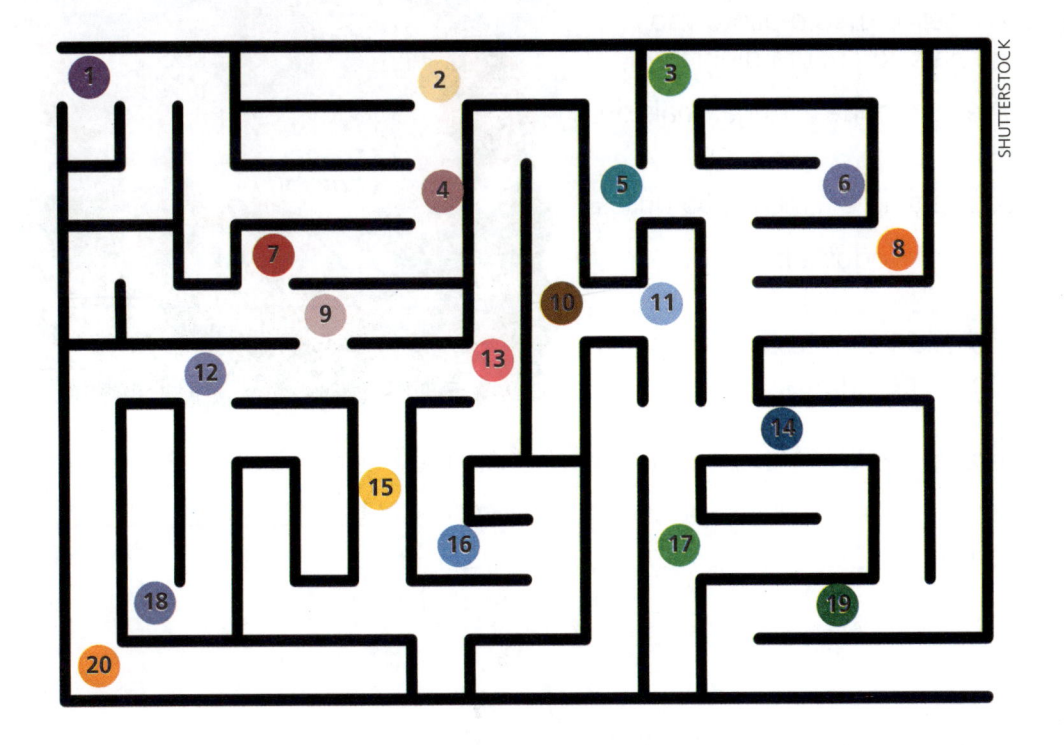

1) 546 ÷ 7 = _____

2) 324 ÷ 6 = _____

3) 35 ÷ 7 = 5 _____

4) 540 ÷ 9 = _____

5) 160 ÷ 2 = _____

6) 405 ÷ 9 = _____

7) 852 ÷ 6 = _____

8) 184 ÷ 8 = _____

9) 324 ÷ 9 = _____

10) 380 ÷ 5 = _____

11) 352 ÷ 4 = _____

12) 42 ÷ 6 = _____

13) 448 ÷ 4 = _____

14) 218 ÷ 3 = _____

15) 364 ÷ 4 = _____

16) 355 ÷ 5 = _____

17) 360 ÷ 8 = _____

18) 458 ÷ 2 = _____

19) 342 ÷ 9 = _____

20) 500 ÷ 5 = _____

EU GOSTO DE APRENDER MAIS

O passeio de balão

Dez passageiros mais o piloto vão fazer um passeio em um dirigível.

O dirigível não pode carregar mais de 700 quilos.

Cada pessoa tem, em média, 65 quilos.

O piloto avisa: todos a bordo!

Efetue os cálculos necessários para responder às perguntas.

1 Será que essas 11 pessoas podem participar juntas do passeio? Por quê?

Resposta: _____

2 Quantas pessoas poderão ir nesta viagem?

Resposta: _____

3 Se quatro passageiros desistirem do passeio, quantos quilos o dirigível vai levar?

Resposta: _____

4 Se apenas um casal de passageiros embarcar, quantos quilos estarão a bordo?

Resposta: _____

Problemas de contagem

Leia a situação.

No seu aniversário, Penélope vai servir uma torta com suco. Para as tortas, ela tem os seguintes sabores: frango, legumes, atum e palmito.

Para os sabores de suco, ela tem: uva, morango, maçã, manga, caju, melancia e laranja.

- Quantas combinações de uma torta e um suco podem ser feitas?

Para resolver problemas de contagens em que está envolvida a ideia de combinação, utilizamos a operação de multiplicação.

PROBLEMAS

1 Joaquim está costurando rendas em algumas toalhas. As toalhas são das cores azul, amarela, roxa, vinho, lilás e verde; as rendas, das cores branca, preta, cinza e vermelha. De quantas maneiras diferentes ele pode costurar uma cor de renda em uma toalha?

2 Uma loja de fantasias tem 65 vestidos diferentes e 22 tipos de peruca. De quantas maneiras diferentes Luana pode combinar um vestido e uma peruca?

3 Conrado é cozinheiro e vende marmitas saudáveis congeladas, de modo que o cliente possa montá-las de diversas maneiras.

Ele oferece as seguintes opções:
- 16 tipos diferentes de proteína.
- 14 tipos de carboidrato.
- 11 tipos de legume.

a) Sem fazer contas, você acha que é possível montar mais marmitas do tipo:

☐ proteína e carboidrato   ☐ proteína e legumes

b) De quantas maneiras diferentes é possível montar uma marmita escolhendo uma proteína e um carboidrato?

c) De quantas maneiras diferentes é possível montar uma marmita escolhendo uma proteína e um legume?

d) De quantas maneiras diferentes é possível montar uma marmita escolhendo uma proteína, um carboidrato e um legume?

EU GOSTO DE APRENDER MAIS

1 Leia o problema que o professor Enrico passou para os alunos.

Uma máquina de uma fábrica de palitos para churrasco produz 360 palitos em 6 minutos. Quantos palitos essa máquina produz por minuto?

Resolva esse problema utilizando duas estratégias diferentes.

a) Observe as duas estratégias utilizadas por Isadora:

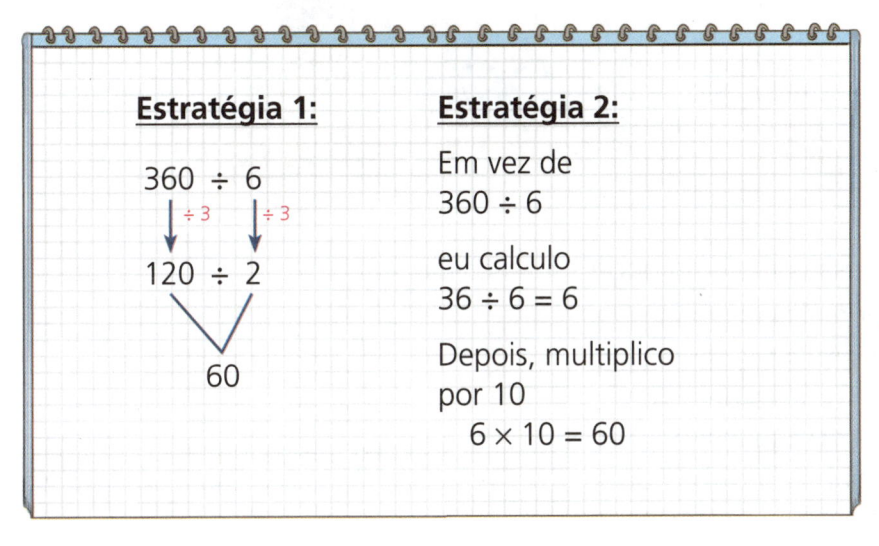

Estratégia 1:

$360 \div 6$
$\downarrow \div 3 \quad \downarrow \div 3$
$120 \div 2$
60

Estratégia 2:

Em vez de
$360 \div 6$

eu calculo
$36 \div 6 = 6$

Depois, multiplico por 10
$6 \times 10 = 60$

Qual dessas estratégias você usaria para resolver esse problema? Explique.

2 Leia o outro problema que o professor Enrico passou para os alunos.

Rafael tem uma papelaria. Ele comprou uma caixa com 750 canetas de cores sortidas e vai montar *kits* com 5 canetas. Quantos *kits* ele vai montar?

Resolva esse problema utilizando duas estratégias de cálculo diferentes. Compartilhe suas resoluções com um colega.

59

LIÇÃO 5 — EXPRESSÕES NUMÉRICAS

Situação 1

Joaquim estava brincando de bater figurinha com seus amigos. Na primeira jogada, ganhou 15 figurinhas; na segunda, perdeu 8 figurinhas; na terceira, ganhou o dobro de figurinhas que ganhou na primeira vez; e na quarta, perdeu a metade das figurinhas que perdeu na segunda jogada. Quantas figurinhas Joaquim tem agora se ele começou o jogo com 10 figurinhas?

Observe como esse problema pode ser resolvido:

Primeiro organizamos todos os dados do problema em uma **expressão numérica**: tinha **10** figurinhas, ganhou **15**, perdeu **8**, ganhou o **dobro** da primeira vez e perdeu a **metade** da segunda vez.

$$10 + \underbrace{15}_{1^a} - \underbrace{8}_{2^a} + \underbrace{2 \times 15}_{3^a} - \underbrace{8 \div 2}_{4^a} \leftarrow \text{jogadas}$$

Para resolver uma expressão numérica com as quatro operações, primeiro resolvemos as multiplicações e as divisões na ordem em que aparecem.

$$10 + 15 - 8 + \underline{2 \times 15} - \underline{8 \div 2}$$
$$10 + 15 - 8 + 30 - 4$$

Depois resolvemos as adições e as subtrações na ordem em que aparecem.

$$\underline{25} - 8 + 30 - 4$$
$$\underline{17} + 30 - 4$$
$$\underline{47} - 4$$
$$43$$

Então, Joaquim agora tem 43 figurinhas.

Situação 2

Ricardo e seu irmão Ronaldo colecionam latinhas de refrigerante. Ricardo tem 25 latinhas e Ronaldo tem 18.

O pai deles chegou de viagem com 14 latinhas novas e deu para Ricardo repartir igualmente com seu irmão. Com quantas latinhas ficou cada uma das coleções?

Primeiro vamos escrever a situação usando números e sinais.

Coleção de Ricardo
25 + 14 ÷ 2
25 + 7 = 32

Coleção de Ronaldo
18 + 14 ÷ 2
18 + 7 = 25

Ao utilizar números e sinais para representar a situação, montamos o que em Matemática recebe o nome de **expressões numéricas**.

> **Expressões numéricas** são sequências de operações com números, ligadas ou não por sinais de associação.

ATIVIDADES

1 Aplique o que você aprendeu e calcule o valor das expressões numéricas.

a) 18 + 5 − 2 = _____

b) 26 − 14 + 3 = _____

c) 38 + 6 − 17 = _____

d) 85 + 9 − 15 + 3 = _____

e) 82 − 5 + 4 − 6 = _____

f) 174 − 45 + 8 − 3 = _____

g) 182 + 8 − 135 + 5 = _____

h) 206 − 68 + 9 = _____

2 Resolva as expressões.

a) 16 − 7 − 4 + 22 =

d) 88 + 36 − 12 + 20 =

b) 138 + 62 − 124 =

e) 272 + 46 + 9 − 224 =

c) 159 − 96 − 41 + 2 =

f) 440 − 271 − 62 + 5 =

3 Calcule as expressões numéricas efetuando as operações na ordem correta. Siga o exemplo.

a) 86 + 52 × 7 − 138 =
 = 86 + 364 − 138 =
 = 450 − 138 = 312

c) 145 × 5 − 472 + 38 =

b) 364 − 89 + 47 × 3 =

d) 275 − 118 + 32 × 6 =

4 Complete as expressões numéricas com os sinais + ou –.

a) 47 ☐ 10 ☐ 3 = 54

b) 24 ☐ 24 ☐ 24 = 72

c) 54 ☐ 7 ☐ 39 = 86

d) 139 ☐ 654 ☐ 3 = 790

e) 98 ☐ 19 ☐ 18 = 61

f) 36 ☐ 4 ☐ 12 = 44

g) 123 ☐ 7 ☐ 94 = 36

h) 73 ☐ 19 ☐ 53 = 107

i) 34 ☐ 14 ☐ 84 = 104

j) 78 ☐ 65 ☐ 37 = 106

5 Efetue as operações e complete os quadros, conforme o exemplo.

A	B	C	A + B – C	A – C + B
35	84	18	119 – 18 = 101	17 + 84 = 101
86	31	24		
56	76	41		
67	21	11		
43	51	34		
28	22	21		

A	B	C	A – B + C	A + C – B
101	59	73	42 + 73 = 115	174 – 59 = 115
374	185	222		
562	406	135		
841	612	327		
988	753	509		
2 519	2 367	1 970		

Observe o que aconteceu com o resultado das operações nesses dois quadros. Discuta com o professor e os colegas.

6 Complete as seguintes expressões numéricas. Escreva os sinais nos ◯ e os números nos ▢.

a) 22 + ▢ − 7 = 20

b) ▢ − 8 + 15 = 45

c) 46 − 16 + ▢ = 48

d) 29 ◯ 8 ◯ 35 = 56

e) 61 ◯ 27 − ▢ = 63

f) 22 × ▢ + 6 = 50

g) ▢ × 5 − 15 = 10

h) 11 ◯ 5 + ▢ = 60

7 Identifique os erros na resolução das expressões numéricas.

a) 6 + 4 × 5 =
10 × 5
50

Erro: _____

b) 24 ÷ 6 + 6 =
24 ÷ 12
2

Erro: _____

c) 7 × 2 + 10 − 50 ÷ 10 =
7 × 2 + 10 − 5
7 × 2 + 5
7 × 7
49

Erro: _____

d) 6 × 8 − 32 ÷ 4 =
48 − 32 ÷ 4
16 ÷ 4
4

Erro: _____

8 Calcule o valor das seguintes expressões numéricas.

a) 12 ÷ 6 + 2 × 9 − 3 =

b) 9 × 9 + 18 ÷ 3 − 8 =

c) 192 ÷ 2 − 47 × 2 + 4 =

d) 36 × 12 + 125 − 250 =

e) 226 ÷ 2 − 9 × 8 + 2 =

f) 42 + 15 × 6 − 18 ÷ 9 =

Expressões numéricas com sinais de associação

Você conhece estes sinais?

( )   [ ]   { }

Eles são chamados de **sinais de associação**.

> Quando os sinais de associação aparecem em uma expressão numérica, devemos efetuar as operações que neles estão inseridas, eliminando-os na seguinte ordem:
> **1º parênteses ( )**
> **2º colchetes [ ]**
> **3º chaves { }**

Vamos aprender como resolver uma expressão numérica envolvendo as 4 operações e contendo os sinais de associação.
Observe alguns exemplos.

a) $(249 - 48) \times 13 =$
$= 201 \times 13 =$
$= 2\,613$

b) $[21 \times (81 + 63)] - 49 =$
$= [21 \times 144] - 49 =$
$= 3\,024 - 49 =$
$= 2\,975$

c) $2 + [14 + (8 - 4)] =$
$= 2 + [14 + 4] =$
$= 2 + 18 =$
$= 20$

d) $\{35 - [(5 \times 3) + 7]\} =$
$= \{35 - [15 + 7]\} =$
$= \{35 - 22\} =$
$= 13$

ATIVIDADES

1 Resolva as expressões no caderno e marque no quadro abaixo seus resultados.

		51	27	30	15
a)	3 + 4 × 8 − 5 = _____	T	M	U	S
b)	3 + 4 × (8 − 5) = _____	25	12	13	21
c)	2 − 1 + 4 × 2 + 3 = _____	P	E	S	O
d)	2 − 1 + 4 × (2 + 3) = _____	1	8	0	5
e)	6 + 8 ÷ 2 + 1 − 3 = _____	A	M	V	T
f)	(6 + 8) ÷ 2 + 1 − 3 = _____	16	19	13	18
g)	6 + 6 ÷ 2 + 3 × 2 + 1 = _____	O	A	M	I
h)	6 + 6 ÷ 2 + 3 × (2 + 1) = _____	25	13	16	9
i)	6 + 3 × 3 − 2 = _____	I	G	S	S
j)	(6 + 3) × (3 − 2) = _____				

Transcreva a letra associada ao resultado de cada expressão e construa uma frase.

___ ___   ___ ___ ___ ___ ___   ___   ___ ___
c) a)   i) d) b) f) g)   e)   h) j)

2 Resolva as expressões.

a) 15 + (26 − 12) − 8 = _____

b) (9 + 8) + (16 − 9) = _____

c) 32 + [(12 − 6) + 8] = _____

d) 45 + {42 − [18 + (9 − 5) + 5]} = _____

e) 54 + [16 − (6 + 2 − 4) + 3] = _____

f) 6 × {3 + [(9 × 3 − 22) + 2]} = _____

g) 76 + [15 ÷ (24 ÷ 2 + 3) + 1] = _____

h) 217 + {18 + [(3 × 6 × 11) − 7]} = _____

PROBLEMAS

1 Em uma festa de aniversário, foram servidas 4 bandejas de doces, 5 bandejas de salgados e uma centena e meia de lanches. As bandejas de doces foram montadas com 30 unidades em cada e as bandejas de salgado com 45 unidades em cada. Quantas unidades de doces e salgados, incluindo os lanches, foram servidas na festa?

Resposta: _____

2 Daniela foi ao mercado e comprou 4 pacotes de biscoitos por R$ 2,00 cada um, 2 garrafas de refrigerante por R$ 4,00 cada uma e 3 pacotes de café por R$ 5,00 cada um. Quanto Daniela gastou em sua compra?

Resposta: _____

3 Um ônibus iniciou seu trajeto com 10 passageiros. No primeiro ponto, entraram mais 5 passageiros. No segundo ponto, entrou a metade de passageiros que havia no ônibus no início do trajeto. No terceiro ponto, saíram 3 passageiros. E, no quarto ponto, saiu o triplo de passageiros que saíram no terceiro ponto. Quantos passageiros ficaram no ônibus?

Resposta: _____

4 Carlos organizou seus brinquedos em caixas. Na caixa azul, colocou 12 brinquedos. Na caixa verde, guardou o dobro da quantidade de brinquedos da caixa azul. Depois, colocou 4 brinquedos em cada uma das três caixas amarelas. E, na caixa laranja, colocou a metade da quantidade de brinquedos da caixa azul. Quantos brinquedos Carlos guardou nas caixas?

Resposta: _____

LIÇÃO 6 — ÁLGEBRA

Igualdade

Observe a imagem e depois converse com os colegas sobre as questões a seguir.

- Essa gangorra está em equilíbrio?
- Podemos dizer que essa imagem sugere ideia de **igualdade**? Explique.
- Se fossem 2 gatos iguais em vez de 1, a gangorra ficaria em equilíbrio? Comente.
- O que você mudaria nessa figura para a gangorra ficar em equilíbrio?

> As gangorras ou as balanças de dois pratos sugerem a ideia de igualdade quando os objetos (ou pessoas) colocados nos dois lados da gangorra ou da balança têm o mesmo peso.

Veja uma balança de dois pratos:

- Essa balança está em equilíbrio? Por quê?

Para que uma balança fique em equilíbrio, os pesos colocados nos dois pratos devem ser iguais.

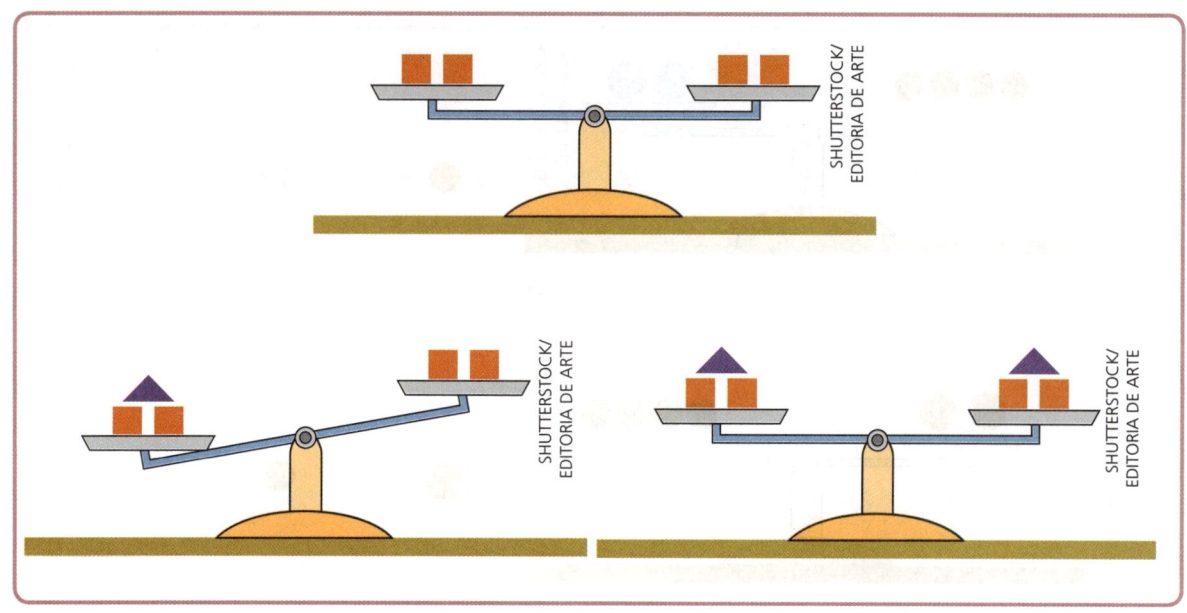

Se acrescentarmos um certo peso em apenas um lado da balança, ocorrerá um desequilíbrio!

Se acrescentarmos pesos iguais nos dois lados, a balança continuará em equilíbrio.

A ideia de igualdade pode ser usada também com números.

5 = 2 + 3
5 + 2 = 2 + 3 + 2
5 − 1 = 2 + 3 − 1

Se adicionarmos a mesma quantidade aos 2 lados da igualdade, a igualdade vai se manter.
Se subtrairmos a mesma quantidade dos 2 lados da igualdade, a igualdade vai se manter.

ATIVIDADES

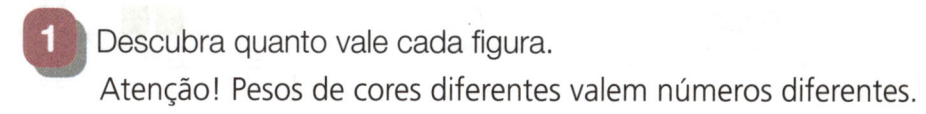

1 Descubra quanto vale cada figura.

Atenção! Pesos de cores diferentes valem números diferentes.

a)

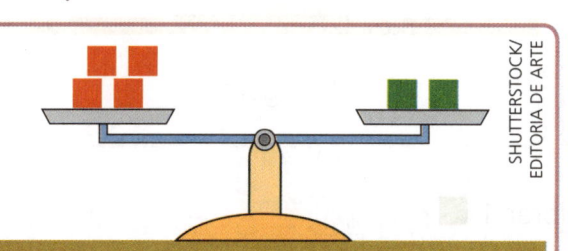

b)

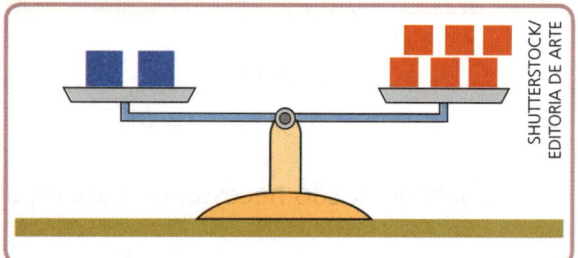

2 Observe os esquemas e complete.
Atenção! Pesos de cores diferentes têm valores diferentes.

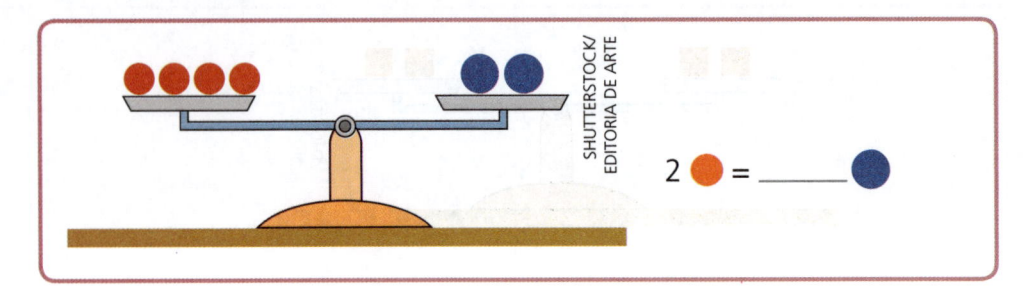

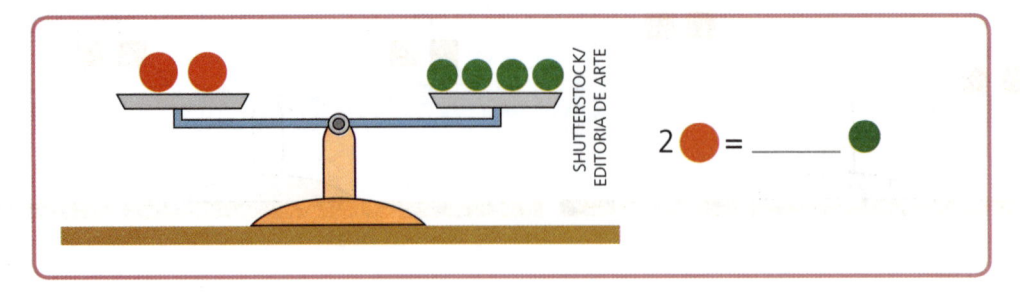

2 🔴 = _____ 🔵

2 🔴 = _____ 🟢

Conclusão:

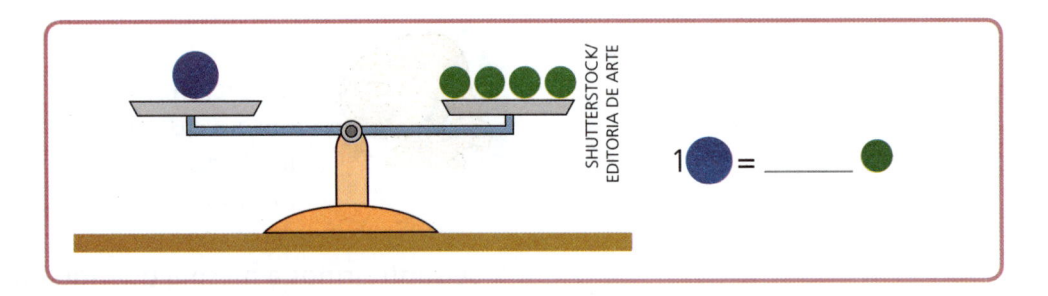

1 🔵 = _____ 🟢

3 Foram feitas duas pesagens com três pesos diferentes.

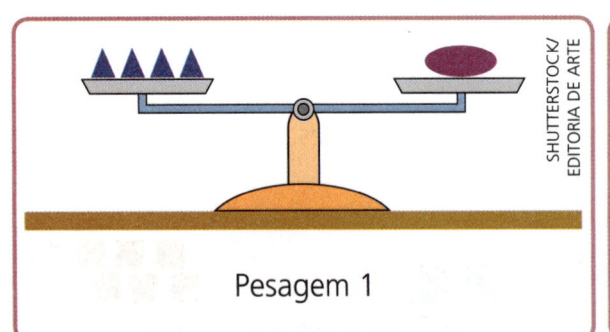

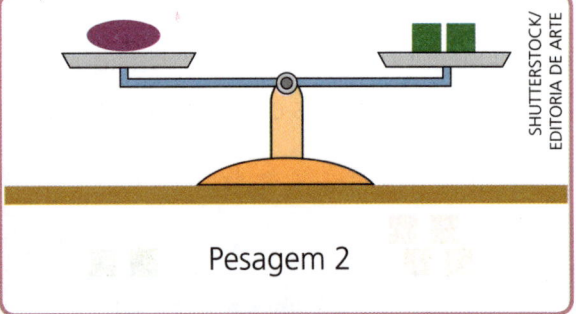

Pesagem 1

Pesagem 2

Quantos ▲ são necessários para equilibrar 1 🟩?

1 🟩 = _____ ▲

Sentença matemática

> **Sentença matemática** é uma afirmação que envolve números, operações e resultado.

Veja alguns exemplos.

- 54 − 4 = 50 (sentença matemática verdadeira);
- 84 ÷ 74 = 14 (sentença matemática falsa);
- 100 × 3 − 240 = 60 (sentença matemática verdadeira).

Podemos usar uma sentença matemática para descobrir um valor desconhecido qualquer.

Veja um exemplo.

Mônica e Alfredo brincam de adivinhar números.

Qual é o número que somado com 7 dá 11?

Já sei o que fazer para encontrar esse número!

Alfredo escreveu uma sentença matemática e usou a operação inversa para encontrar o número desconhecido. Observe:

? + 7 = 11
? = 11 − 7
? = 4

4 + 7 = 11

> Agora é a minha vez: qual é o número que multiplicado por 4 dá 20?

> Eu já sei...

Mônica escreveu uma sentença numérica e usou a operação inversa para encontrar o número desconhecido. Observe:

? × 4 = 20

? = 20 ÷ 4   5 × 4 = 20

? = 5

> O número desconhecido é o 5!

Valor desconhecido em uma sentença matemática

Em uma sentença matemática que tenha um número desconhecido podemos utilizar a operação inversa para descobri-lo.

Ou podemos representar o termo desconhecido nas sentenças matemáticas por qualquer sinal gráfico: ★, ▲, ■ ... e adicionar ou subtrair o mesmo número de ambos os lados da sentença matemática sem alterar a igualdade.

a) ■ + 3 = 9
   ■ + 3 − 3 = 9 − 3
   ■ = 9 − 3
   ■ = 6

b) ▲ − 8 = 6
   ▲ − 8 + 8 = 6 + 8
   ▲ = 6 + 8
   ▲ = 14

> Posso adicionar ou subtrair um mesmo número de ambos os lados de uma sentença matemática sem alterar a igualdade.

ATIVIDADES

1 Calcule o valor do número desconhecido observando os exemplos.

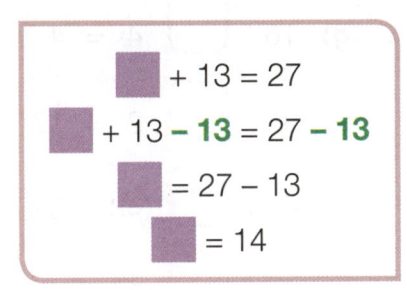

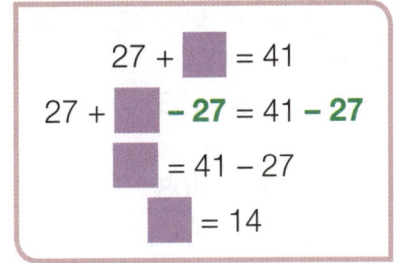

☐ + 13 = 27
☐ + 13 − **13** = 27 − **13**
☐ = 27 − 13
☐ = 14

27 + ☐ = 41
27 + ☐ − **27** = 41 − **27**
☐ = 41 − 27
☐ = 14

a) 14 + ☐ = 18

b) ☐ + 15 = 36

c) 38 + ☐ = 57

d) ☐ + 23 = 56

e) 25 + ☐ = 72

f) 42 + ☐ = 59

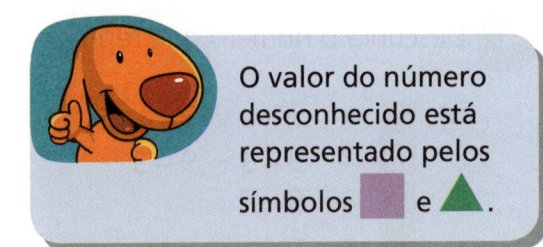

O valor do número desconhecido está representado pelos símbolos ☐ e △.

2 Calcule o valor do número desconhecido.

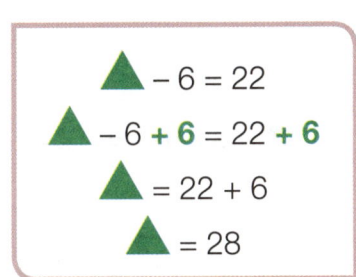

△ − 6 = 22
△ − 6 + **6** = 22 + **6**
△ = 22 + 6
△ = 28

a) △ − 7 = 16

b) △ − 17 = 32

c) △ − 12 = 38

d) △ − 23 = 16

e) △ − 18 = 52

f) △ − 28 = 64

g) △ − 7 = 31

h) △ − 10 = 23

3 Descubra qual dos quatro sinais, +, −, × e ÷, deve ser colocado em cada igualdade para que ela seja verdadeira.

a) 22 ☐ 3 = 66

b) 51 ☐ 3 = 153

c) 324 ☐ 16 = 308

d) 23 ☐ 18 = 41

e) 844 ☐ 4 = 211

f) 55 ☐ 5 = 11

g) 16 ☐ 4 = 4

h) 34 ☐ 2 = 17

i) 683 ☐ 48 = 635

j) 29 ☐ 29 = 58

k) 716 ☐ 2 = 1 432

l) 93 ☐ 3 = 31

4 Descubra o número que representa o termo desconhecido.

a) ☐ + 3 = 9
☐ + 3 − 3 = 9 − 3
☐ = 9 − 3
☐ = 6

b) ● + 21 = 73

c) ● + 12 = 36

d) ☐ + 26 = 42

e) ☐ − 16 = 36

f) ● − 9 = 34

g) ● ÷ 4 = 20

h) ☐ ÷ 6 = 24

i) ☐ ÷ 7 = 32

j) ☐ ÷ 5 = 45

k) 5 × ● = 25

l) 7 × ☐ = 35

Grandezas diretamente proporcionais

1 Jurandir está fazendo massinha de modelar caseira para brincar com os filhos dele.

Veja a receita:
- 2 copos de farinha de trigo
- 1 copo de água
- 1 colher de chá de óleo
- Corante alimentício
- $\frac{1}{2}$ copo de sal

Com base na receita original, complete a tabela de acordo com a quantidade de receitas indicadas.

	RECEITA ORIGINAL	2 RECEITAS	3 RECEITAS	6 RECEITAS
Copos de farinha de trigo	2	4		12
Copo de água	1			
Colher de chá de óleo	1			
Copo de sal	$\frac{1}{2}$			

2 Otávio comprou tinta para pintar a casa. Veja o que diz a embalagem.

De acordo com a instrução da embalagem, complete a tabela.

5 L
Diluir 1 L de tinta em 3 L de água

Tinta (em L)	1	2	3	4	5
Água (em L)					

3 Ana fez 2 L de suco. Com essa quantidade ela encheu 8 copos.

Complete:

Litros de suco	2	1	3	5
Quantidade de copos	8			

4 A escola Nossa Casa organizou *kits* para doação.
Cada *kit* contém:
- 2 canetas
- 3 lápis
- 1 borracha

Com base nas quantidades de cada item do *kit*, complete a tabela.

		QUANTIDADE DE KITS				
		1	7	10	25	100
Itens	Caneta					
	Lápis					
	Borracha					

Agora, compare sua tabela com a do colega para confirmar os resultados.

5 Veja a receita de pudim de leite condensado.
- 1 lata de leite condensado
- 1 lata de leite (medida da lata de leite condensado)
- 3 ovos inteiros

Marcela quer fazer 3 pudins para servir aos amigos no dia do seu aniversário.
Responda:

a) Quantos ovos ela precisará para fazer essa quantidade de pudins? _____

b) Quantas latas de leite condensado ela vai usar? _____

c) Marcela comprou uma dúzia de ovos. Se ela utilizar todos esses ovos para fazer pudim, serão necessárias quantas latas de leite? _____

Partilha desigual

1 Numa cesta há 24 maçãs. Elas foram divididas da seguinte maneira: um terço será usado para fazer uma torta e dois terços serão utilizados para fazer geleia.

a) Serão utilizadas mais maçãs para fazer:

☐ Torta ☐ Geleia

b) Quantas maçãs serão utilizadas para fazer geleia? _____

c) Quantas maçãs serão utilizadas para fazer a torta? _____

• O que você achou dessa partilha de maçãs?

2 Veja a quantidade de carrinhos da coleção de Violeta.

a) Nessa coleção de carrinhos, $\frac{1}{4}$ são vermelhos e $\frac{3}{4}$ são azuis. Pinte os carrinhos.

b) Quantos carrinhos são vermelhos?

c) Quantos carrinhos são azuis?

d) A quantidade de carrinhos por cor está dividida em partes iguais? Explique.

_____

e) Para que a distribuição por cores não seja desigual, qual deve ser a quantidade de carrinhos de cada cor?

_____

PROBLEMAS

Para os problemas a seguir, represente o termo desconhecido por algum sinal gráfico como ▢, ▲ ou ★ e responda às questões.

1 Qual é o número que subtraindo 7 dá 36?

Resposta: _____

2 Mamãe fez docinhos para vender. Entregamos 3 dúzias e ainda restaram 63. Quantos docinhos mamãe fez?

Resposta: _____

3 Em uma multiplicação, o produto é 426 e um dos fatores é 2. Qual é o outro fator?

Resposta: _____

4 Em uma escola foram distribuídos 5 cadernos para cada um de seus 30 alunos. Quantos cadernos havia ao todo?

Resposta: _____

5 Qual é o número que dividido por 2 é igual a 84?

Resposta: _____

6 O dobro de um número é igual a 24. Qual é esse número?

Resposta: _____

7 O sêxtuplo de um número é igual a 60. Qual é esse número?

Resposta: _____

PARA SE DIVERTIR

Quadrado mágico

Complete o quadrado mágico.

10		4	17
	16		
19		13	
12	9		7

Em um quadrado mágico, a soma dos números de cada linha, de cada coluna e da diagonal principal é sempre a mesma.

- Seus colegas resolveram da mesma forma que você?
- Comente com eles como você resolveu o quadrado mágico.

INFORMAÇÃO E ESTATÍSTICA

Observe o gráfico de uma loja de presentes sobre as vendas do primeiro semestre de 2018.

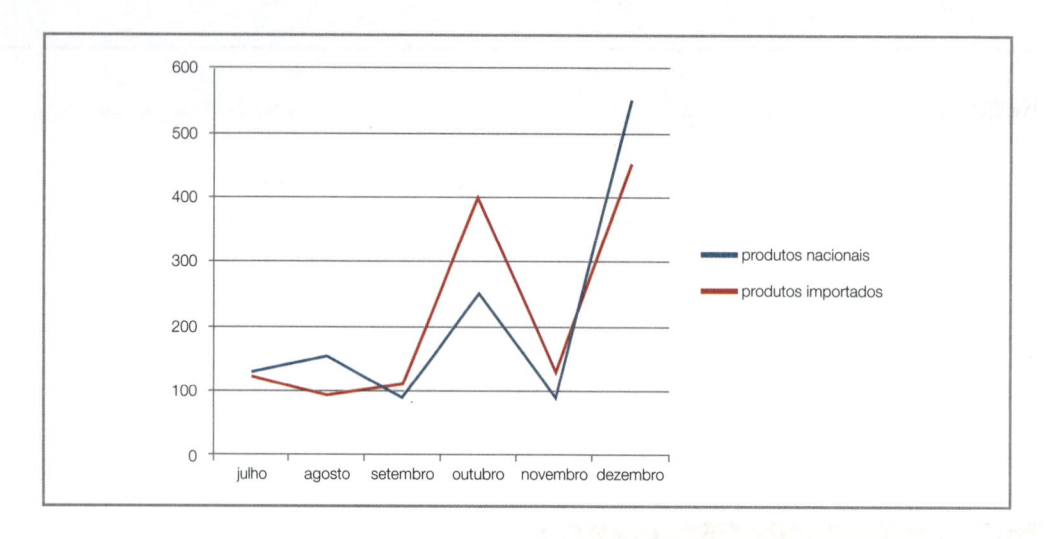

1 Em que mês a loja vendeu mais produtos nacionais? E importados?
_____

2 Em que mês a loja vendeu menos produtos nacionais? E importados?
_____

3 Analise o gráfico e escreva um texto comunicando as informações percebidas.
_____
_____
_____
_____
_____
_____

EU GOSTO DE APRENDER MAIS

1 Leia o problema.

Carlos e a namorada foram comprar uma televisão que custava R$ 1 200,00. A loja aceitava esse valor à vista ou eles poderiam dividir o total em até 6 parcelas mensais e iguais, sem acréscimos, sendo a 1ª parcela no ato. Ele e a namorada concordaram em dividir em mais de uma prestação. Qual foi o valor de cada prestação?

a) Anote os dados do problema:

- Preço da televisão: _____
- Quantidade máxima de prestações: _____
- Quantidade mínima de prestações: _____

b) Diga qual será o valor de cada prestação se o casal optar por pagar em:

I) 2 prestações: _____

II) 3 prestações: _____

III) 4 prestações: _____

IV) 5 prestações: _____

V) 6 prestações: _____

c) Quantas soluções há para esse problema? _____

2 Elabore no caderno um problema parecido com o apresentado, de modo que ele tenha mais do que uma solução.

a) Compartilhe seu problema com um colega. Peça a ele que leia e diga o que entendeu do texto. Faça o mesmo com o problema que ele inventou.

b) Troquem de problemas para um resolver o do outro.

LIÇÃO 7
MÚLTIPLOS E DIVISORES DE UM NÚMERO NATURAL

Múltiplos

Eu tenho 2 sacos com 3 bolinhas em cada um. Tenho, então, 6 bolinhas.

Eu tenho 5 sacos com 3 bolinhas em cada um. Tenho 15 bolinhas!

Eu tenho 4 sacos iguais aos dos meus colegas. Tenho, então, 12 bolinhas.

Eu tenho 1 saco com 3 bolinhas.

Cada um de vocês tem um número de bolinhas que é múltiplo de 3.

Eu tenho 3 sacos com 3 bolinhas em cada um. Tenho, então, 9 bolinhas.

Veja os exemplos.

Os números 0, 2, 6, 22 e 180 são múltiplos de 2, pois:

2 × 0 = 0   2 × 1 = 2   2 × 3 = 6   2 × 11 = 22   2 × 90 = 180

Os números 0, 3, 6, 9 e 180 são múltiplos de 3, pois:

3 × 0 = 0   3 × 1 = 3   3 × 2 = 6   3 × 3 = 9   3 × 60 = 180

Os números 0, 12, 24, 36 e 60 são múltiplos de 12, pois:

12 × 0 = 0   12 × 1 = 12   12 × 2 = 24   12 × 3 = 36   12 × 5 = 60

Agora, responda.
- O zero é múltiplo dos números 2, 3 e 12?
- E o número 1, também é múltiplo de todos esses números?
- É possível calcular todos os múltiplos de um número natural?

Assim, considerando os múltiplos dos números naturais, observamos que:

> O **zero** é múltiplo de todos os números naturais.

1 × 0 = 0   2 × 0 = 0   3 × 0 = 0   4 × 0 = 0   5 × 0 = 0
0 é múltiplo de 1.   0 é múltiplo de 2.   0 é múltiplo de 3.   0 é múltiplo de 4.   0 é múltiplo de 5.

> Todos os números naturais são múltiplos de 1.

1 × 0 = 0   1 × 1 = 1   1 × 2 = 2   1 × 3 = 3   1 × 4 = 4
0 é múltiplo de 1.   1 é múltiplo de 1.   2 é múltiplo de 1.   3 é múltiplo de 1.   4 é múltiplo de 1.

> Todo número natural é múltiplo de si mesmo.

0 × 1 = 0   1 × 1 = 1   2 × 1 = 2   3 × 1 = 3   4 × 1 = 4
0 é múltiplo de 0.   1 é múltiplo de 1.   2 é múltiplo de 2.   3 é múltiplo de 3.   4 é múltiplo de 4.

Continue observando.

4 × 0 = 0   4 × 1 = 4   4 × 2 = 8   4 × 3 = 12   4 × 4 = 16

0, 4, 8, 12, 16, ... são **múltiplos** de 4.

Representamos o conjunto dos números naturais que são múltiplos de 4 assim:

M(4) = {0, 4, 8, 12, 16, ...}

O conjunto dos múltiplos de um número natural é **infinito**.

Para se obter o múltiplo de um número natural, multiplica-se esse número por outro número natural qualquer.

> **Múltiplo** de um número natural é o produto desse número por outro número natural.

Como descobrir se um número é múltiplo de outro?
Vamos ver alguns exemplos.

- 560 é múltiplo de 10?

    Para saber se 560 é múltiplo de 10, temos que encontrar um número natural que, multiplicado por 10, resulte 560.

    10 × ? = 560

    560 ÷ 10 = 56

    Temos então:

    10 × 56 = 560

    Logo, 560 é múltiplo de 10.

- 560 é múltiplo de 9?

    9 × ? = 560

    Para encontrar ?, fazemos:

    560 ÷ 9 = 62, com resto 2.

    ```
    560 | 9
     20   62
      2
    ```

    Não existe um número natural que, multiplicado por 9, resulte 560.
    Logo, 560 não é múltiplo de 9.

- 9 360 é múltiplo de 12?

    12 × ? = 9 360

    Efetuamos:

    9 360 ÷ 12 = 780

    12 × 780 = 9 360

    ```
    9360 | 12
     096   780
     000
    ```

    Logo, 9 360 é múltiplo de 12.

- 9 360 é múltiplo de 14?

    Não há um número que, multiplicado por 14, resulte 9 360.
    Portanto, 9 360 não é múltiplo de 14.

    ```
    9360 | 14
     096   668
     120
      08
    ```

ATIVIDADES

1 Complete as frases usando as palavras destacadas.

| zero | múltiplos | produto | infinito |

a) Múltiplo de um número natural é o _____ desse número por outro número natural qualquer.

b) Todos os números naturais são _____ de 1.

c) O _____ é múltiplo de todos os números naturais.

d) O conjunto dos múltiplos de um número natural é _____.

2 Escreva os 7 primeiros múltiplos de:

a) 2 _____

b) 7 _____

c) 12 _____

d) 15 _____

e) 8 _____

f) 6 _____

g) 4 _____

h) 5 _____

i) 10 _____

j) 9 _____

3 Identifique se cada número é múltiplo de 7.

a) 21 _____

b) 772 _____

c) 131 _____

d) 105 _____

e) 81 _____

f) 48 _____

4 Observe os números em cada item. Assinale os que são múltiplos dos números em destaque.

a) **12** | 60　0　46　1　24　72　48　120　360

b) **15** | 42　30　68　75　90　0　1　50　190

c) **18** | 47　72　36　88　108　1 800　0　18　81

5 Escreva os 10 primeiros múltiplos dos seguintes números.

a) M(3) = _____

b) M(14) = _____

c) M(24) = _____

6 Escreva os múltiplos de:

a) 9, maiores que 50 e menores que 100. _____

b) 12, menores que 70. _____

c) 5, compreendidos entre 9 e 36. _____

d) 6, compreendidos entre 15 e 55. _____

e) 4, compreendidos entre 10 e 42. _____

f) 8, compreendidos entre 35 e 60. _____

Mínimo múltiplo comum

Este quadro foi montado com os múltiplos de 2 e de 3 até 30. Observe.

M(2)	0	2	4	6	8	10	12	14	16	18	20	22	24	26	28	30
M(3)	0	3	6	9	12	15	18	21	24	27	30					

- O que você pode observar nos números que estão destacados na mesma cor?
  Os números 0, 6, 12, 18, 24 e 30 são múltiplos comuns aos números 2 e 3, até 30.

- Dos números destacados, qual deles é o menor, diferente de zero?
  O menor dos múltiplos comuns de 2 e 3, diferente de 0 (zero), é 6.

- Dizemos, então, que o menor múltiplo comum entre 2 e 3 é 6.
  Ou seja, o mínimo múltiplo comum (m.m.c.) entre 2 e 3 é 6.

Indicamos assim: m.m.c. (2, 3) = {6}

> O menor dos múltiplos comuns a dois ou mais números naturais, diferentes de zero, é chamado de **mínimo múltiplo comum** e é representado por **m.m.c.**

ATIVIDADES

1 Observe o quadro e escreva o que se pede.

M(4)	0	4	8	12	16	20	24	28	32	36	40
M(5)	0	5	10	15	20	25	30	35	40		
M(6)	0	6	12	18	24	30	36				

a) m.m.c. (4, 6) = _____

b) m.m.c. (4, 5) = _____

c) m.m.c. (5, 6) = _____

2 Encontre os seis primeiros múltiplos dos seguintes números:

M(5) = _____   M(10) = _____

M(6) = _____   M(12) = _____

M(8) = _____   M(15) = _____

3 Observe os números múltiplos que você encontrou na atividade anterior. Escreva:

a) m.m.c. (6, 12) = _____   c) m.m.c. (6, 8) = _____

b) m.m.c. (5, 10) = _____   d) m.m.c. (5, 15) = _____

DESAFIO

1 Mariana resolveu assistir a um filme com os colegas. Ao chegar ao *shopping* o filme estava passando em dois cinemas. No cinema A, o intervalo entre uma sessão e outra era de 2 horas. No cinema B, o intervalo era de 3 horas. Sabendo que as sessões têm início às 10h00 da manhã e terminam à meia-noite, a que horas as sessões dos dois cinemas coincidem?

> Dica!
> Se precisar, desenhe um quadro para auxiliar a encontrar a resposta.

MARCELO GAGLIANO

2 Dos números abaixo, quais são múltiplos de 6? Por quê? Circule esses números.

| 42 | 45 | 12 | 27 | 36 | 54 | 78 |

Agora que você já encontrou os números múltiplos de 6, resolva o seguinte enigma:

Há 2 números naturais, diferentes de zero e menores que 6, que também têm como múltiplos todos os números encontrados no quadro acima. Que números são esses? Justique sua resposta.

88

Divisores

A professora Clara agrupou seus alunos para realizarem um trabalho de pesquisa. Observe como ficaram organizados os grupos.

- Quantos alunos estão participando dessa atividade?

- Quantos grupos foram formados?

- Há quantos alunos em cada grupo?

- Esses alunos poderiam ser distribuídos igualmente em três grupos? Por quê?

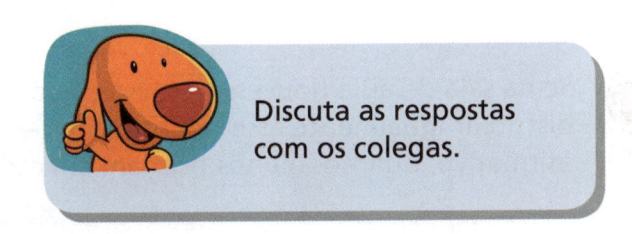

Discuta as respostas com os colegas.

Agora, observe como a professora Clara agrupou seus alunos para realizar uma tarefa de Matemática.

- O que está igual e o que está diferente em relação à divisão anterior?
- Quantos alunos estão participando dessa atividade?
- Quantos grupos foram formados?
- Há quantos alunos em cada grupo?
- Esses alunos estão distribuídos igualmente nos três grupos?

Acompanhe como as duas situações que você viu são representadas em Matemática.

- Na primeira, os 13 alunos formaram 2 grupos de 5 alunos e 1 grupo de 3 alunos: 13 ÷ 5 = 2 com resto 3, pois 2 × 5 = 10 e 10 + 3 = 13.

- Na segunda, os 12 alunos formaram 3 grupos com 4 alunos em cada um: 12 ÷ 4 = 3, pois 3 × 4 = 12.

Se na sala de aula houvesse 4 mesas, poderíamos distribuir igualmente esses alunos? Em caso afirmativo, quantos alunos ficariam em cada mesa?

Sobre o número 12, podemos concluir que:
- 12 dividido por 3 dá 4 e não sobra resto.
- 12 dividido por 4 dá 3 e não sobra resto.

Sabemos também que:
- 12 dividido por 2 dá 6 e não sobra resto.
- 12 dividido por 6 dá 2 e não sobra resto.
- 12 dividido por 1 dá 12 e não sobra resto.
- 12 dividido por 12 dá 1 e não sobra resto.

Dizemos que os números 1, 2, 3, 4, 6 e 12 são os **divisores** de 12.
O número 12 tem 6 divisores.
Os divisores de um número natural podem ser representados na forma de conjunto.

$$D(12) = \{1, 2, 3, 4, 6, 12\}$$

Para encontrar os divisores de um número natural, basta dividi-lo por ele mesmo e pelos números naturais menores que ele, com exceção do zero. Se o resto da divisão for zero, o número escolhido é um divisor. Se houver resto, o número escolhido não é divisor do número dado.

Divisores de um número são todos os números diferentes de zero que, ao dividirem esse número, não deixam resto.

Veja como determinamos os divisores de 8:

8 ÷ 1 = 8 com resto 0   8 ÷ 5 = 1 com resto 3
8 ÷ 2 = 4 com resto 0   8 ÷ 6 = 1 com resto 2
8 ÷ 3 = 2 com resto 2   8 ÷ 7 = 1 com resto 1
8 ÷ 4 = 2 com resto 0   8 ÷ 8 = 1 com resto 0

Os números 1, 2, 4 e 8 são divisores de 8, porque 8 é divisível por 1, 2, 4 e 8.
O número 8 possui 4 divisores.

D(8) = {1, 2, 4, 8}

Quantos divisores tem o número 1? E o número 5?

Conclusões:

- Todo número natural diferente de zero tem divisor.
- O número 1 é divisor de qualquer número natural.
- O maior divisor de um número natural é ele mesmo.
- O conjunto dos divisores de um número natural é **finito**.

Critérios de divisibilidade

Você deve ter percebido como é importante reconhecer se um número natural é múltiplo ou divisor de outro número natural.

Para saber se um número é divisível por outro número, veja algumas regras práticas:

Divisibilidade por 2

Um número será divisível por 2 se for par.

Exemplo:

```
3 8 0 | 2
  1 8   190
    0 0
```

$380 \div 2 = 190$

Divisibilidade por 3

Um número será divisível por 3 se a soma de seus algarismos for um número divisível por 3.

Exemplos:

93

$9 + 3 = 12$

$12 \div 3 = 4$

Logo, 93 é divisível por 3.

```
93 | 3
03   31
 0
```

54

$5 + 4 = 9$

$9 \div 3 = 3$

Logo, 54 é divisível por 3.

```
54 | 3
24   18
 0
```

Contraexemplo:

71

$7 + 1 = 8$

Como 8 não é divisível por 3, então 71 não é divisível por 3.

```
71 | 3
11   23
 2
```

Divisibilidade por 5

> Um número será divisível por 5 se terminar em 0 ou 5.

Exemplos:

80 é divisível por 5, pois termina em 0.

145 é divisível por 5, pois termina em 5.

Divisibilidade por 6

> Um número será divisível por 6 se for divisível por 2 e por 3.

Exemplo:

48 é divisível por 2, pois é par.

48 é divisível por 3, pois a soma de seus algarismos (4 + 8 = 12) é divisível por 3.

12 ÷ 3 = 4

Logo, 48 é divisível por 6.

Divisibilidade por 9

> Um número será divisível por 9 se a soma de seus algarismos for um número divisível por 9.

Exemplos:

63

6 + 3 = 9

9 ÷ 9 = 1

Logo, 63 é divisível por 9.

198

1 + 9 + 8 = 18

18 ÷ 9 = 2

Logo, 198 é divisível por 9.

Contraexemplo:

145

1 + 4 + 5 = 10

Como 10 não é divisível por 9, então 145 não é divisível por 9.

Divisibilidade por 10

> Um número será divisível por 10 se terminar em 0.

Exemplos:

260 — termina em 0

80 — termina em 0

ATIVIDADES

1 Complete as frases com os itens do quadro.

> 1   ele próprio   exata   finito

a) Um número natural é divisor de outro quando a divisão por esse número for _____.

b) O número _____ é divisor de todos os números naturais.

c) O conjunto dos divisores de um número natural é um conjunto _____.

d) O maior divisor de um número natural é _____.

2 Observe os números em cada item. Assinale os que são divisores do número em destaque.

a) 8 | 1   2   4   6   8   16   80   0   3   18 |

b) 18 | 2   3   4   36   18   9   6   0   81   180 |

c) 21 | 1   2   4   6   8   16   21   12   0   210 |

3 Escreva os divisores de cada número natural abaixo.

a) 36 _____   d) 60 _____

b) 54 _____   e) 90 _____

c) 15 _____   f) 28 _____

4 Represente o conjunto dos divisores de cada número.

a) (6) = _____   e) (18) = _____

b) (9) = _____   f) (20) = _____

c) (8) = _____   g) (30) = _____

d) (14) = _____   h) (24) = _____

5 Escreva todos os números divisíveis por 2 que estão entre 25 e 49.

_____

6 Observe os números.

> 60   531   123   120   36   13   540   27

Quais desses números são divisíveis:

- por 2? _____
- por 6? _____
- por 3? _____
- por 9? _____
- por 5? _____
- por 10? _____

7 Dos números abaixo, quais são divisíveis por 3 e por 9 ao mesmo tempo?

> 105   127   252   27   612   626   108   39

_____

8 Complete o quadro.

É DIVISÍVEL POR	415	830	365	190	274	246	160
2	Não						
5	Sim						
10	Não						

9 Circule os números divisíveis por:

a)   **8**   31   40   64   125   128   146

b)   **9**   15   27   44   54   80   63

c)   **5**   56   95   70   83   75   20

Máximo divisor comum

Observe o conjunto dos divisores de 4 e de 12.

D(4) = {1, 2, 4}

D(12) = {1, 2, 3, 4, 6, 12}

Perceba que os números 1, 2 e 4 são divisores de 4 e de 12 ao mesmo tempo. Os divisores comuns de 4 e 12 são os números 1, 2 e 4. E o maior deles é 4. Dizemos que o máximo divisor comum (m.d.c.) entre 4 e 12 é 4.

Representamos assim: m.d.c. (4, 12) = {4}

> O maior dos divisores comuns a dois ou mais números naturais é chamado de **máximo divisor comum** e é representado por **m.d.c.**

ATIVIDADES

1 Encontre os divisores de 12 e, depois, de 16. Em seguida, complete.

12 ÷ _____ = 12   16 ÷ _____ = 16

12 ÷ _____ = 6   16 ÷ _____ = 8

12 ÷ _____ = 4   16 ÷ _____ = 4

12 ÷ _____ = 3   16 ÷ _____ = 2

12 ÷ _____ = 2   16 ÷ _____ = 1

12 ÷ _____ = 1

D(12) = {_____, _____, _____, _____, _____, _____}

D(16) = {_____, _____, _____, _____, _____}

m.d.c. (12, 16) = {_____}

2 Escreva os conjuntos solicitados e, depois, responda às questões.

a) D(15) = _____

D(20) = _____

- Divisores comuns a 15 e 20 _____

- m.d.c. (15, 20) = _____

b) D(18) = _____

D(30) = _____

- Divisores comuns a 18 e 3 _____

- m.d.c. (18, 30) = _____

c) D(12) = _____

D(18) = _____

- Divisores comuns a 12 e 18 _____

- m.d.c. (12, 18) = _____

3 Escreva o conjunto dos divisores de cada número e contorne seu maior divisor.

a) D(9) = _____ **d)** D(13) = _____

b) D(3) = _____ **e)** D(15) = _____

c) D(7) = _____ **f)** D(30) = _____

4 Calcule o m.d.c. dos números abaixo em seu caderno e registre aqui o resultado.

a) m.d.c. (9, 12) = _____ **d)** m.d.c. (20, 6, 14) = _____

b) m.d.c. (8, 20) = _____ **e)** m.d.c. (60, 36) = _____

c) m.d.c. (18, 48) = _____ **f)** m.d.c. (3, 15, 12) = _____

5 Complete as frases escrevendo "múltiplo" ou "divisor" e o número que está faltando.

a) 4 é _____ de 16, porque 16 ÷ _____ = 4 e resto 0.

b) 32 é _____ de 8, porque _____ × 8 = 32.

c) 18 é _____ de 3, porque 3 × _____ = 18.

d) 12 é _____ de 36, porque 36 ÷ 12 = 3 e resto _____.

e) 8 não é _____ de 74, porque 74 ÷ 8 = 9 e resto _____.

f) 7 não é _____ de 93, porque 93 ÷ 7 = _____ e resto 2.

6 Complete os conjuntos indicados e determine o m.m.c. e o m.d.c. dos números dados.

a) M(8) = _____

M(10) = _____

D(8) = _____

D(10) = _____

m.m.c. (8, 10) = _____

m.d.c. (8, 10) = _____

b) M(5) = _____

M(10) = _____

M(15) = _____

D(5) = _____

D(10) = _____

D(15) = _____

m.m.c. (5, 10, 15) = _____

m.d.c. (5, 10, 15) = _____

7 Podemos conhecer todos os divisores de um número? Por quê?

_____

8 Qual é o maior divisor de um número?

_____

PROBLEMAS

1 O professor de Educação Física resolveu fazer uma gincana entre as duas turmas de 5º ano. A turma A tem 28 alunos e a turma B tem 32. Ele quer formar, em cada turma, equipes com o maior número possível de alunos, de maneira que todas as equipes tenham o mesmo número de alunos. Qual deverá ser o número de alunos por equipe?

Resposta: _____

2 Chegaram dois ônibus de alunos de outra escola para participar da olimpíada. No primeiro ônibus chegaram 36 alunos e no segundo chegaram 42 alunos. O professor fará o mesmo processo. Em cada ônibus, ele formará equipes com o maior número possível de alunos, de maneira que todas as equipes tenham o mesmo número de alunos. Quantos alunos cada equipe deverá ter?

Resposta: _____

DESAFIO

De olho no calendário

Observe em um calendário a folha do mês de janeiro.

A faixa verde corresponde à coluna da segunda-feira.

Janeiro

D	S	T	Q	Q	S	S
					1	2
3	4	5	6	7	8	9
10	11	12	13	14	15	16
17	18	19	20	21	22	23
24	25	26	27	28	29	30
31						

ULHÔA CINTRA

- Qual é a regra respeitada pelos dias que caem no mesmo dia da semana?

_____

- Há uma coluna em que os dias são múltiplos de um mesmo número? Qual é esse número?

_____

INFORMAÇÃO E ESTATÍSTICA

Desde 1991, o Instituto Brasileiro de Geografia e Estatística (IBGE) coleta informações sobre a população indígena brasileira por meio do Censo Demográfico. Mas somente a partir do censo de 2010 os dados foram mais detalhados, verificando as diferentes etnias, línguas indígenas faladas e também localização de domicílios indígenas.

Observe a tabela com informações sobre a população indígena no Brasil e a localização dos seus domicílios.

POPULAÇÃO INDÍGENA, POR SITUAÇÃO DO DOMICÍLIO, SEGUNDO A LOCALIZAÇÃO DO DOMICÍLIO (BRASIL, 2010)

Localização do domicílio	População indígena por situação do domicílio		
	Total	Urbana	Rural
Terras indígenas	517 383	25 963	491 420
Fora de terras indígenas	379 534	298 871	80 663
Total	896 917	324 834	572 083

Fonte: IBGE, Censo Demográfico 2010.

- A maior parte da população indígena está localizada em terras indígenas ou fora delas?

_____

_____

- A maior parte da população das terras indígenas está localizada nos espaços urbanos ou rurais?

_____

_____

- As informações da tabela também podem ser apresentadas em gráficos. Observe a organização das informações em um gráfico de colunas.

POPULAÇÃO INDÍGENA, POR SITUAÇÃO DO DOMICÍLIO, SEGUNDO A LOCALIZAÇÃO DO DOMICÍLIO (BRASIL, 2010)

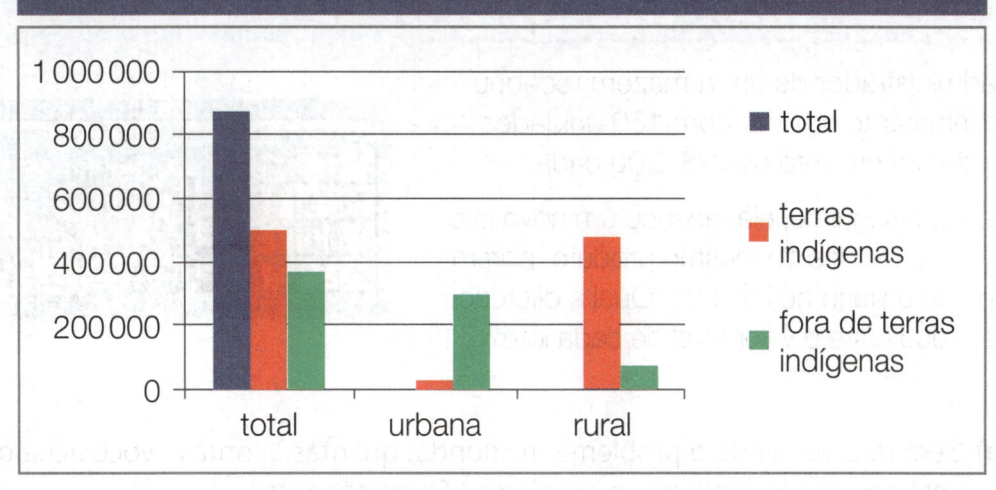

- total
- terras indígenas
- fora de terras indígenas

- O que você observa de diferente entre a apresentação dos dados na tabela e no gráfico?

___

___

Em sua opinião, para esses temas, qual das duas formas de comunicar dados é mais eficiente? Por quê?

___

LEIA MAIS

Monteiro Lobato. *Aritmética da Emília*. São Paulo: Globo, 2009.

O escritor Monteiro Lobato transforma de modo inteligente temas como divisão, subtração, frações e outras operações em pura diversão. O livro, escrito em 1935, ganha sua edição comentada, pois, apesar de a Matemática continuar a mesma, o método ensinado nas escolas mudou.

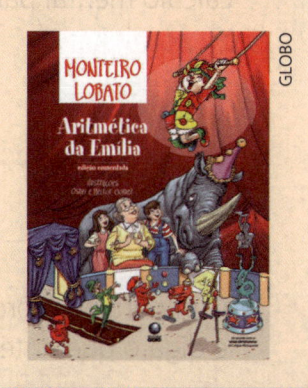

EU GOSTO DE APRENDER MAIS

1 Leia o problema.

O administrador de um armazém recebeu do fabricante um lote com 150 unidades de um produto por R$ 3,00 cada.

Na semana seguinte, ele recebeu um novo lote com 120 unidades do mesmo produto, porém pelo preço unitário de R$ 4,00. Qual a diferença de preço entre o valor total de cada lote?

a) Sem resolver ainda o problema, responda: quantas "contas" você acha que será necessário fazer nesse problema? Quais são elas?

_____

b) Que estratégias você pretende utilizar para fazer essas contas?

_____
_____
_____
_____

c) Resolva no caderno esse problema.

2 Elabore um problema parecido com o apresentado. Utilize alguma estratégia de cálculo mental para resolvê-lo.

_____
_____
_____

Compartilhe o problema que você criou com outro colega. Peça a ele que o leia e diga o que entendeu. Faça o mesmo com o problema que ele inventou.

8 NÚMEROS PRIMOS

Você já realizou atividades separando os números naturais de diferentes maneiras. Veja alguns exemplos:

- 0, 2, 4, 6, 8, 10, 12, 14, ... → números **pares**;
- 1, 3, 5, 7, 9, 11, 13, 15, ... → números **ímpares**;
- 0, 3, 6, 9, 12, 15, 18, 21,... → números **múltiplos** de 3;
- 1, 2, 3, 6 → números **divisores** de 6.

Quantos divisores tem o número 1?

Vamos estudar agora os chamados **números primos**.
Observe o quadro dos divisores de alguns números naturais.
Na última coluna aparece a quantidade de divisores de cada um.

Número natural	Seus divisores	Quantidade de divisores
1	1	1
2	1; 2	2
3	1; 3	2
4	1; 2; 4	3
5	1; 5	2
6	1; 2; 3; 6	4
7	1; 7	2
8	1; 2; 4; 8	4
9	1; 3; 9	3
10	1; 2; 5; 10	4

Número natural	Seus divisores	Quantidade de divisores
11	1; 11	2
12	1; 2; 3; 4; 6; 12	6
26	1; 2; 13; 26	4
36	1; 2; 3; 4; 6; 9; 12; 18; 36	9
43	1; 43	2
50	1; 2; 5; 10; 25; 50	6
55	1; 5; 11; 55	4
97	1; 97	2
99	1; 3; 9; 11; 33; 99	6

Agora, veja as conclusões que podemos tirar dos dados da tabela:
- 1 é o único número que tem **apenas um** divisor (ele mesmo).
- Há números que têm **dois divisores** (1 e ele mesmo).
- Há números que têm **mais de dois divisores** (1, ele mesmo e outros).

Assim, ficam classificados os números naturais, de acordo com a quantidade de divisores:

- o número **1** ou a unidade: 1 divisor;
- os números **primos**, aqueles que possuem apenas 2 divisores: o 1 e ele mesmo;
- os números **compostos**, aqueles que possuem mais de 2 divisores.

Crivo de Eratóstenes

Eratóstenes, um matemático nascido na cidade de Cirene, na Grécia (276 a.C. a 194 a.C.), utilizou um método sistemático para separar os números primos do conjunto dos números naturais.

Esse método ficou conhecido na Matemática como "Crivo de Eratóstenes".

O **Crivo de Eratóstenes** foi a primeira tabela construída para reconhecer os números primos.

Litografia da obra *Dactyliotheca*, de P.D. Lippert, c. 1760.

Para descobrir quais são os números primos até 100, complete o Crivo de Eratóstenes, seguindo as orientações.

1 No quadro com os números naturais de 1 a 100, circule o número 1.

2 Pinte no quadro todos os números conforme a ordem da legenda:

■ múltiplos de 2 maiores que 2

■ múltiplos de 3 maiores que 3

■ múltiplos de 4 maiores que 4

■ múltiplos de 5 maiores que 5

■ múltiplos de 6 maiores que 6

■ múltiplos de 7 maiores que 7

1	2	3	4	5	6	7	8	9	10
11	12	13	14	15	16	17	18	19	20
21	22	23	24	25	26	27	28	29	30
31	32	33	34	35	36	37	38	39	40
41	42	43	44	45	46	47	48	49	50
51	52	53	54	55	56	57	58	59	60
61	62	63	64	65	66	67	68	69	70
71	72	73	74	75	76	77	78	79	80
81	82	83	84	85	86	87	88	89	90
91	92	93	94	95	96	97	98	99	100

Veja o que você deve ter observado:

- Os múltiplos de 4 já estavam coloridos?
Foram pintados com os múltiplos de 2. Alguns múltiplos de 3 são também múltiplos de 2, por isso também já estavam coloridos.

> Converse com seu professor e colegas sobre o que os números que você já havia pintado têm em comum e como são chamados.

IMAGINÁRIO STUDIO

- Os múltiplos de 6 também já estavam coloridos. Isso acontece porque você já havia pintado os múltiplos de 2 e de 3.

- Alguns múltiplos de 7 também já haviam sido pintados. Isso acontece porque você já havia pintado os múltiplos de 2, 3, 4, 5 e 6.

Agora, observe o quadro que você construiu e responda:

3 Quais números ficaram sem pintar?

_____

4 Que nome recebem esses números? _____

5 Existe algum número par que é primo? Qual? _____

ATIVIDADES

1 Escreva os divisores de cada número. Depois, identifique os números primos nas respostas.

a) D(4) _____

b) D(7) _____

c) D(27) _____

d) D(18) _____

e) D(12) _____

f) D(13) _____

g) D(28) _____

h) D(41) _____

- Números primos: _____

2 Escreva os números primos menores que 40.

_____

a) Quais são os números primos compreendidos entre 10 e 20? _____

b) Qual é o menor número primo de dois algarismos? _____

c) Qual é o menor número primo? _____

PARA SE DIVERTIR

Árvore de fatores

Você pode decompor um número composto como produto de seus **fatores primos**.

Veja como encontrar os fatores primos que compõem o número 20.

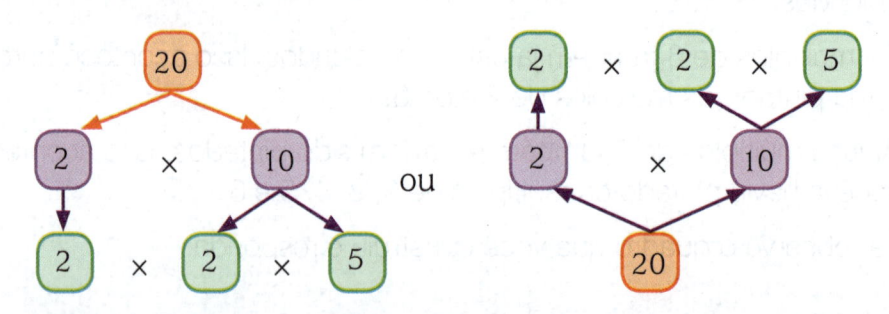

$$20 = 2 \times 2 \times 5$$

Essa é a decomposição de 20 como produto de seus fatores primos.

Que tal brincar com a árvore de fatores? Complete os esquemas escrevendo os fatores que levam ao resultado correto.

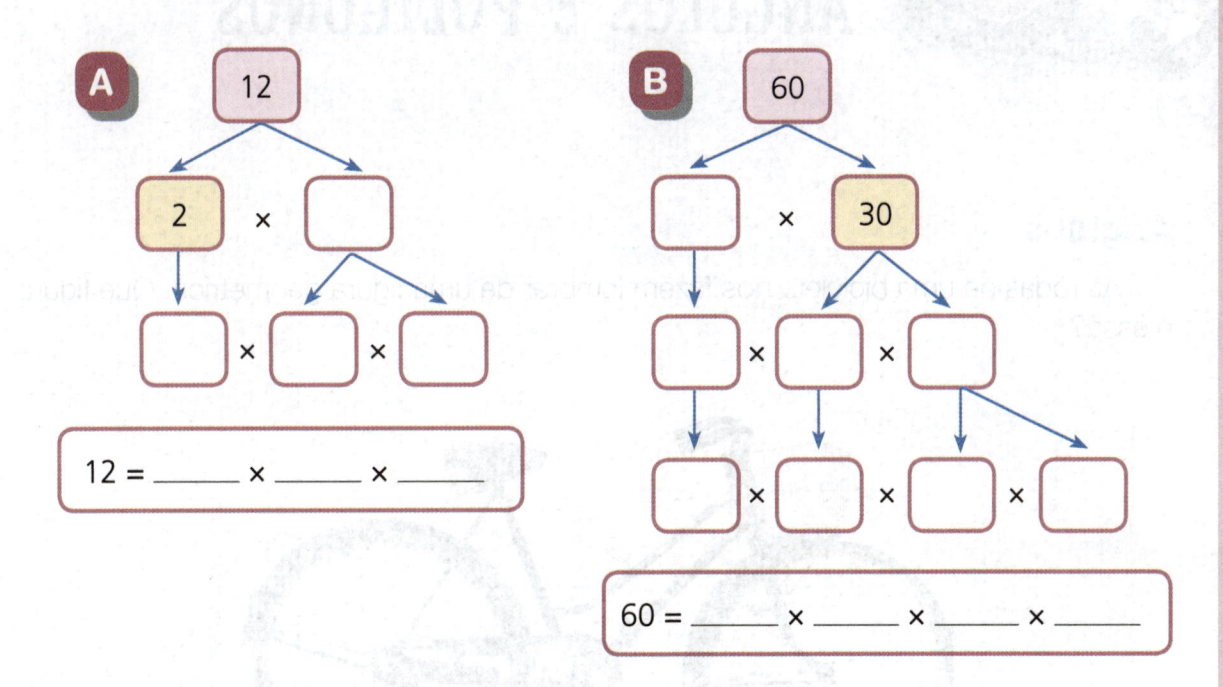

A 12

2 × ☐

☐ × ☐ × ☐

12 = _____ × _____ × _____

B 60

☐ × 30

☐ × ☐ × ☐

☐ × ☐ × ☐

60 = _____ × _____ × _____ × _____

Continue fazendo o mesmo e descubra quais números possuem esses fatores.

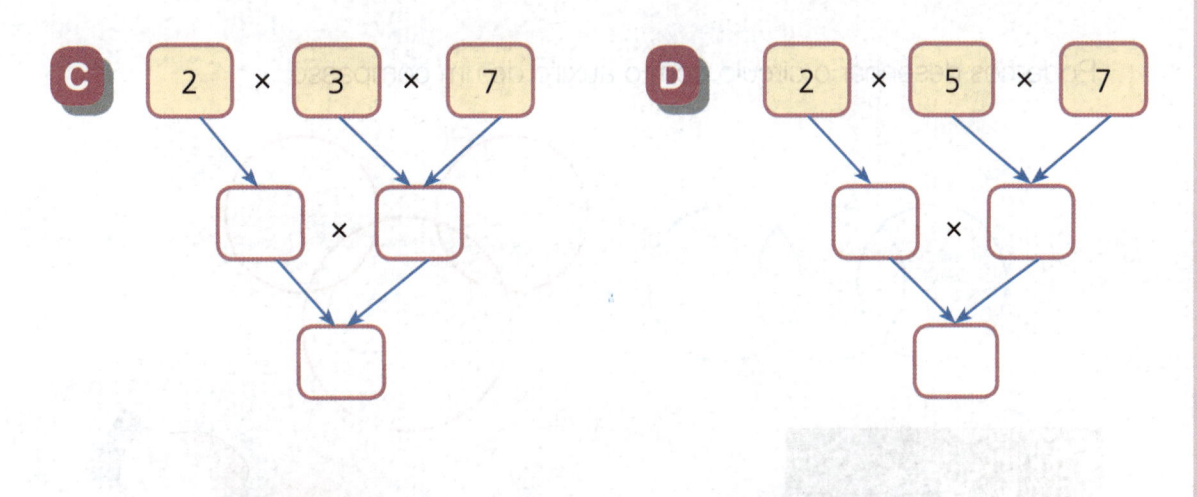

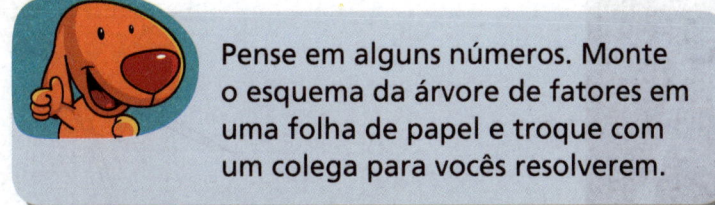

C 2 × 3 × 7

☐ × ☐

☐

D 2 × 5 × 7

☐ × ☐

☐

Pense em alguns números. Monte o esquema da árvore de fatores em uma folha de papel e troque com um colega para vocês resolverem.

LIÇÃO 9

ÂNGULOS E POLÍGONOS

Ângulos

As rodas de uma bicicleta nos fazem lembrar de uma figura geométrica. Que figura é essa?

Podemos desenhar o círculo com o auxílio de um compasso.

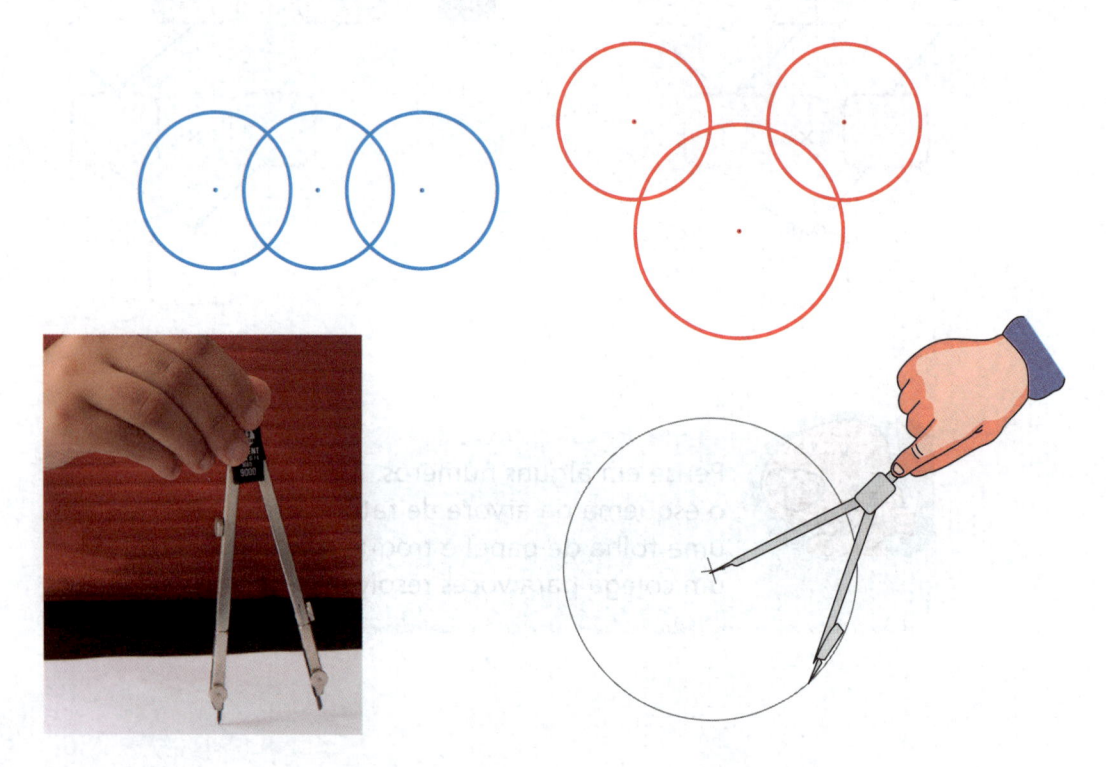

Construindo um círculo de papel

A Pegue um compasso e faça uma abertura de 3 centímetros. Use a régua para medir.

B Em uma folha de papel, marque um ponto e, com a ponta-seca do compasso nesse ponto, trace uma circunferência.

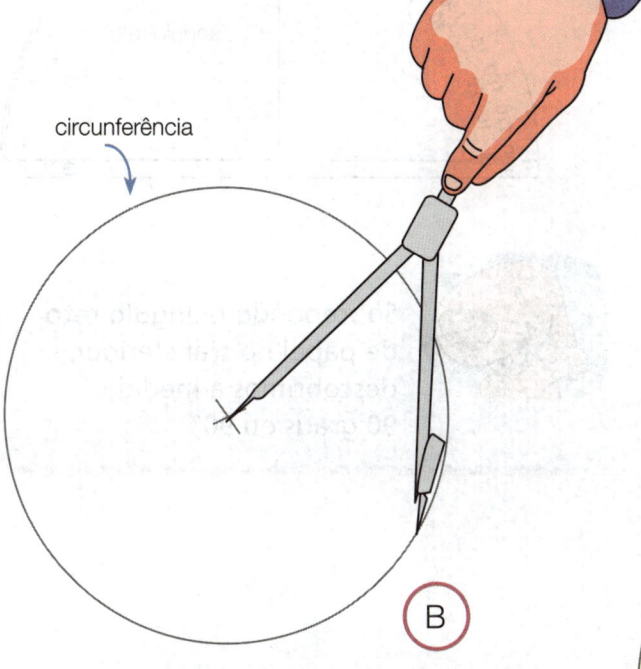

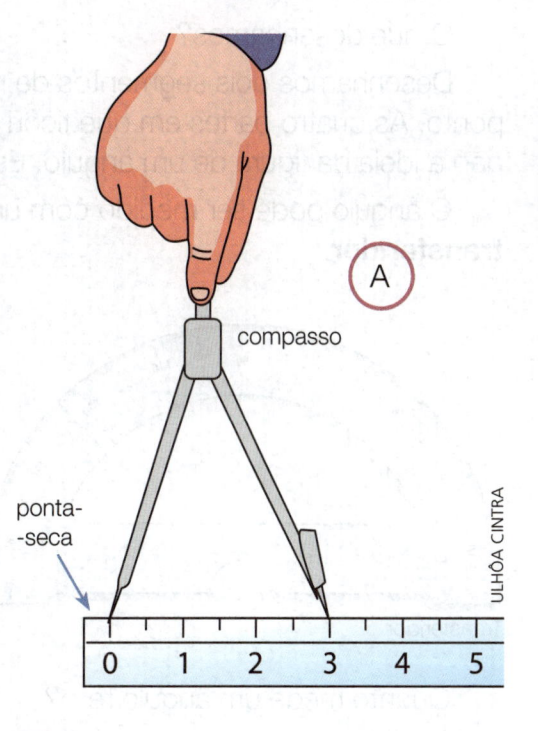

C A circunferência mais a região interna formam um círculo. Recorte o círculo e pinte-o.

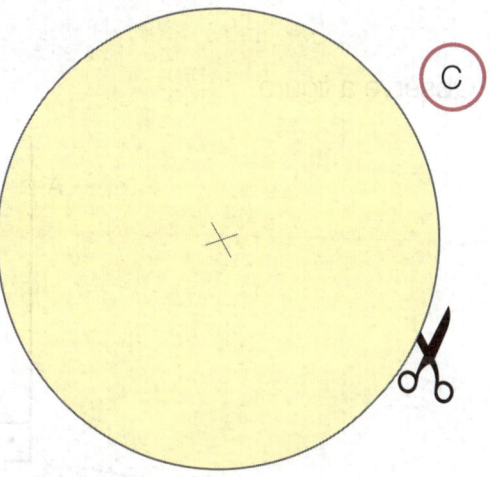

D Dobre o círculo ao meio.

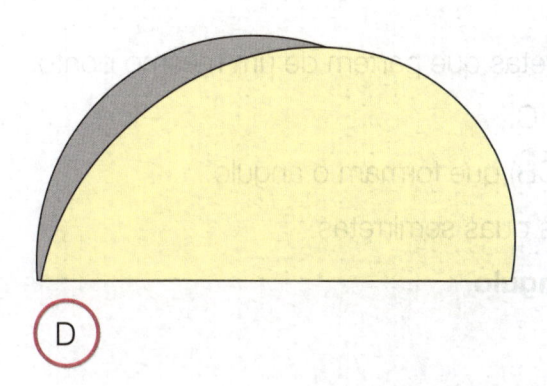

E Dobre ao meio outra vez.

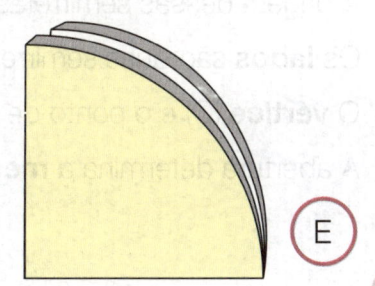

Desdobre a folha e reforce a marca das dobras com lápis.

O que desenhamos?

Desenhamos dois segmentos de reta que se cruzam em um ponto. As quatro partes em que ficou dividido o círculo de papel dão a ideia da figura de um ângulo. Esse é um **ângulo reto**.

O ângulo pode ser medido com um instrumento chamado de **transferidor**.

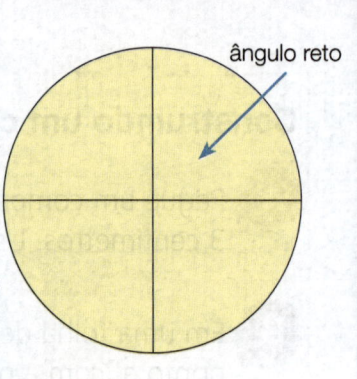

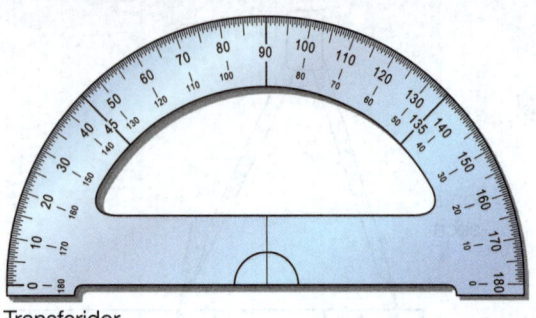

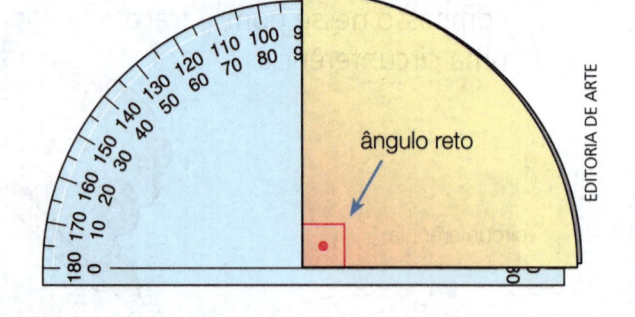

Transferidor.

ângulo reto

Quanto mede um ângulo reto?

Sobrepondo o ângulo reto de papel no transferidor, descobrimos a medida: 90 graus ou 90°.

Observe a figura.

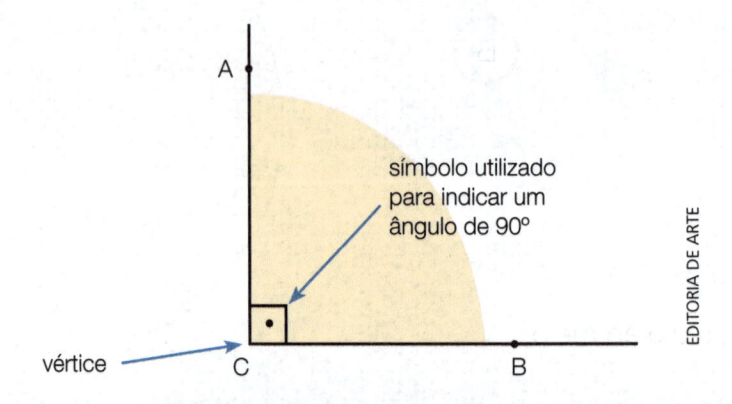

símbolo utilizado para indicar um ângulo de 90°

vértice

Um ângulo é formado por duas semirretas que partem de um mesmo ponto.

A origem dessas semirretas é o ponto C.

Os **lados** são duas semirretas ($\vec{CA}$ e $\vec{CB}$) que formam o ângulo.

O **vértice** (C) é o ponto de origem das duas semirretas.

A abertura determina a **medida do ângulo**.

110

Descobertas no uso do transferidor

A medida do **ângulo reto** é igual a 90 graus (90°).

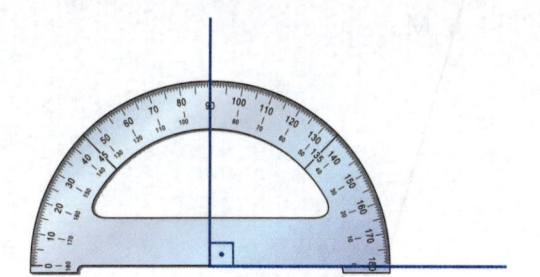

A medida do **ângulo agudo** é menor que 90 graus. Ou seja, menor que o ângulo reto.

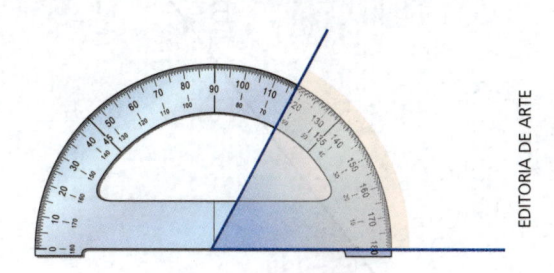

ângulo reto
(90 graus)

símbolo:

ângulo agudo
(menor que 90 graus)

A medida do **ângulo obtuso** é maior que 90 graus. Ou seja, maior que o ângulo reto.

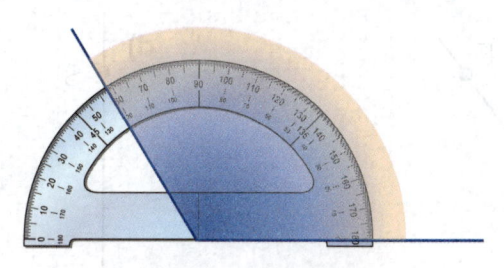

ângulo obtuso
(maior que 90 graus)

ATIVIDADES

1 Marque se as frases abaixo são verdadeiras (V) ou falsas (F).

Corrija as que não estiverem corretas.

( ) O ângulo reto mede 90°. _____

( ) O ângulo obtuso mede menos de 90°. _____

( ) O ângulo de 30° é um ângulo agudo. _____

( ) O ângulo de 95° é um ângulo agudo. _____

( ) 30° + 60° é a medida de um ângulo reto. _____

2 Utilizando o esquadro ou o "ângulo reto" de papel que você recortou, verifique se estes ângulos são retos, obtusos ou agudos. Justifique sua resposta.

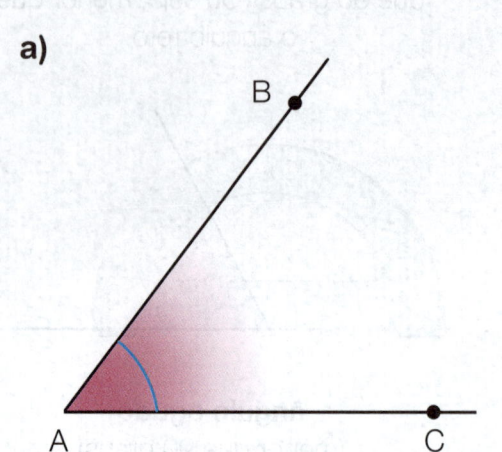

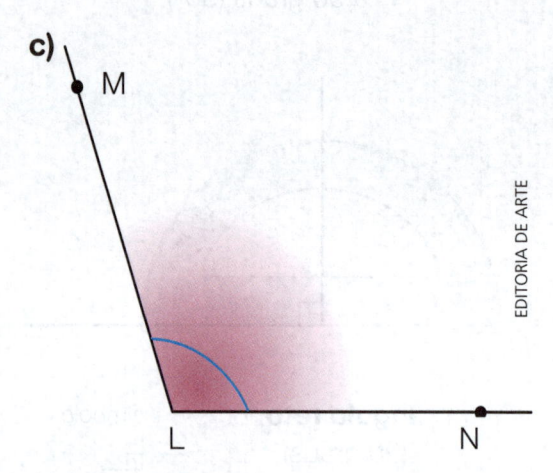

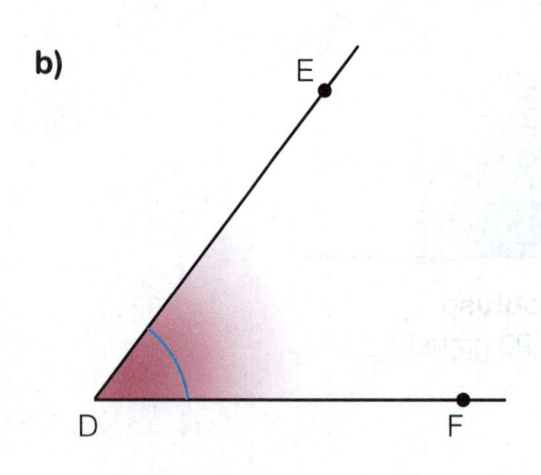

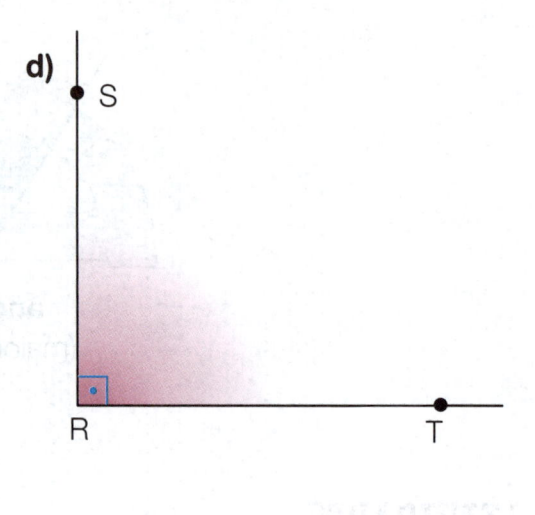

a)

c)

b)

d)

3 Com o auxílio de transferidor e régua, desenhe:
a) um ângulo obtuso;
b) um ângulo agudo;
c) um ângulo reto.

4 Em cada faixa há um ângulo diferente dos outros. Qual? Circule a letra correspondente e, no final, descubra uma palavra secreta.

P	B	N	S	Â
E	A	D	N	I
G	C	F	H	T
J	Z	N	G	U
P	M	T	L	B
B	A	O	E	P
S	M	T	H

Palavra secreta:

Polígonos

No dia a dia, é comum vermos placas como as que aparecem abaixo.

Em Matemática, o contorno dessas placas lembra formas que recebem o nome de **polígonos**.

Observe as figuras representadas abaixo.

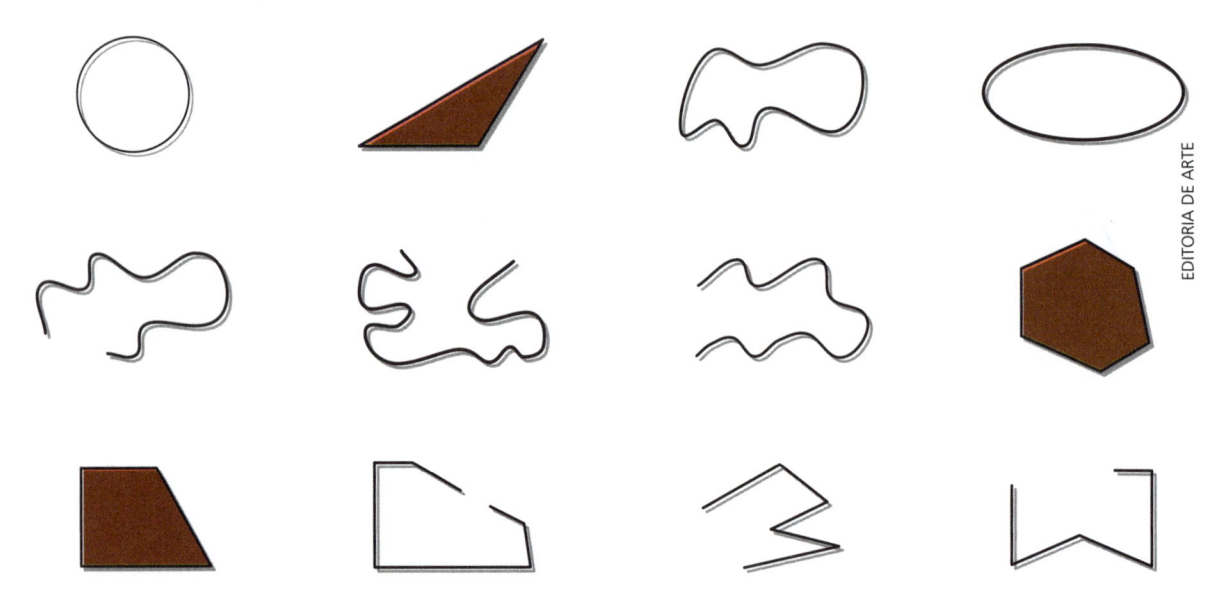

Os contornos das figuras pintadas são **polígonos**.

> **Polígono** é uma figura geométrica plana, formada por segmentos de reta, cujo contorno é fechado.

Cada segmento de reta representa um lado do polígono.

Os polígonos são denominados de acordo com o número de lados.

Elementos de um polígono

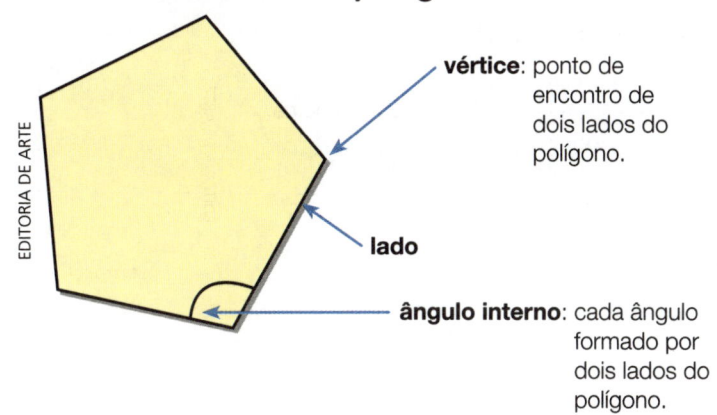

vértice: ponto de encontro de dois lados do polígono.

lado

ângulo interno: cada ângulo formado por dois lados do polígono.

> Quantos vértices tem um polígono de 8 lados? E um de 4 lados? E um de 3 lados?

Veja a denominação dos polígonos de acordo com o número de lados.

NÚMERO DE LADOS	FIGURA	NOME
3 lados		triângulo
4 lados		quadrilátero
5 lados		pentágono
6 lados		hexágono
7 lados		heptágono
8 lados		octógono
9 lados		eneágono
10 lados		decágono

Polígonos e eixos de simetria

Na figura de um quadrado temos 4 eixos de simetria.

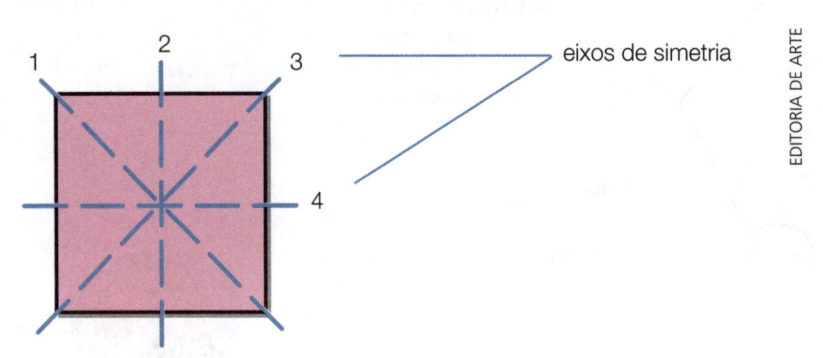

Observe estas figuras e complete o quadro abaixo de acordo com a quantidade de eixos de simetria que possuem.

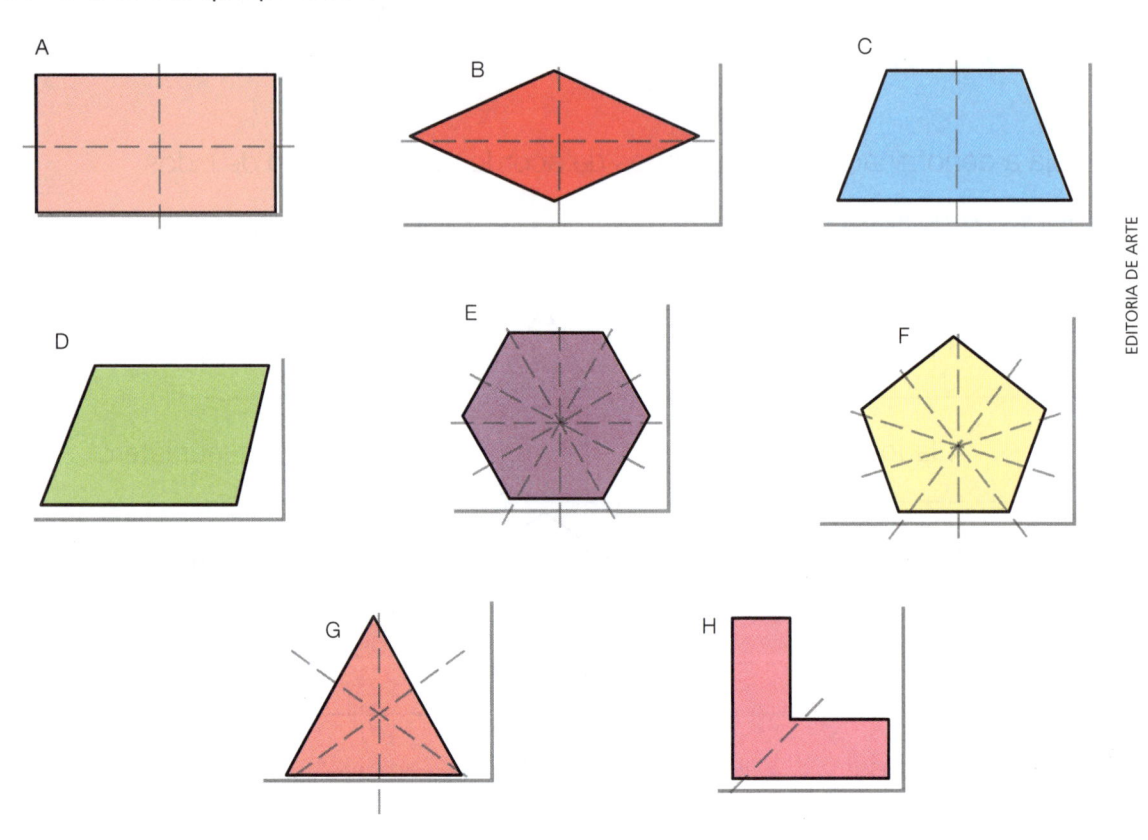

EIXOS DE SIMETRIA				
1 eixo	2 eixos	3 eixos	4 eixos ou mais	nenhum

ATIVIDADES

1 Escreva os nomes dos polígonos de acordo com o número de lados.

a) 5 lados _____   d) 8 lados _____

b) 6 lados _____   e) 9 lados _____

c) 7 lados _____   f) 10 lados _____

2 Utilize a malha quadriculada para desenhar.

a) um triângulo   c) um quadrilátero

b) um pentágono   d) um hexágono

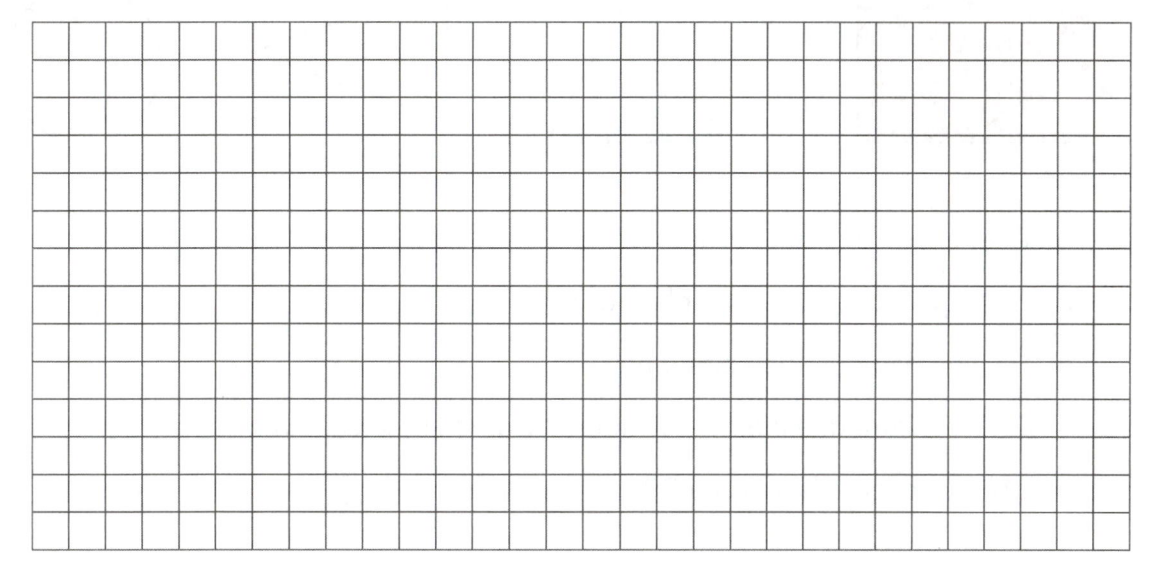

3 A partir do eixo de simetria sugerido, complete as figuras.

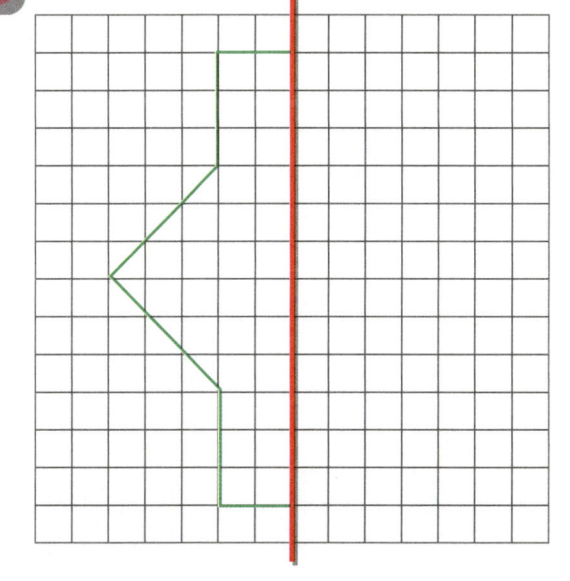

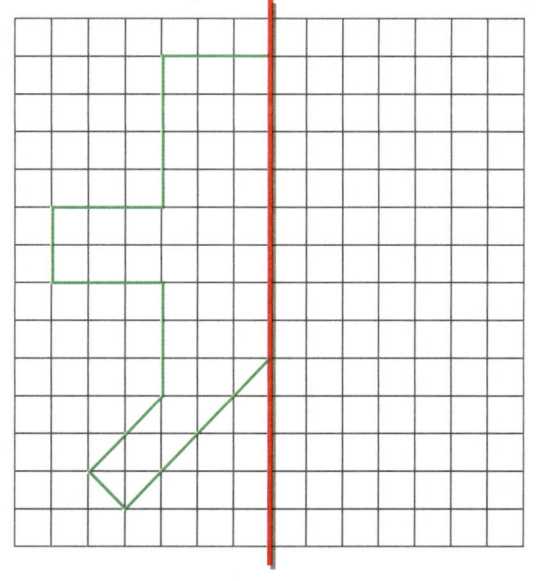

4 Observe as figuras e responda às questões.

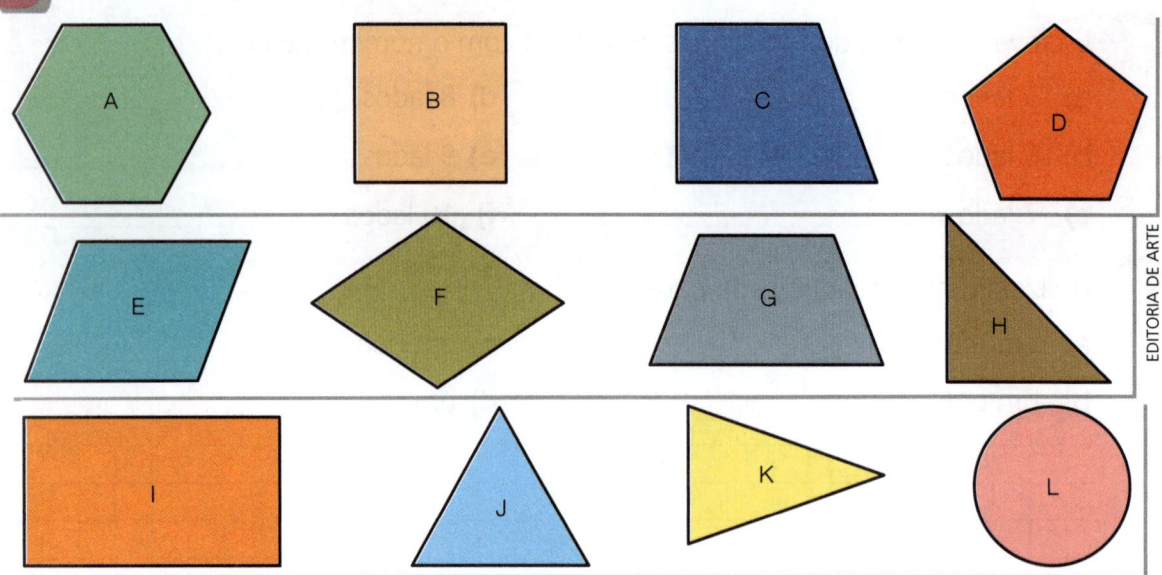

a) Qual polígono é um hexágono? _____

b) Quais polígonos são quadriláteros? _____

c) Há alguma figura não poligonal? _____

Qual é a letra que indica essa figura? Como ela se chama? _____

d) Como é chamada a figura D? _____

e) Quais polígonos são triângulos? _____

5 No quadriculado, desenhe polígonos de 7 e 8 lados.

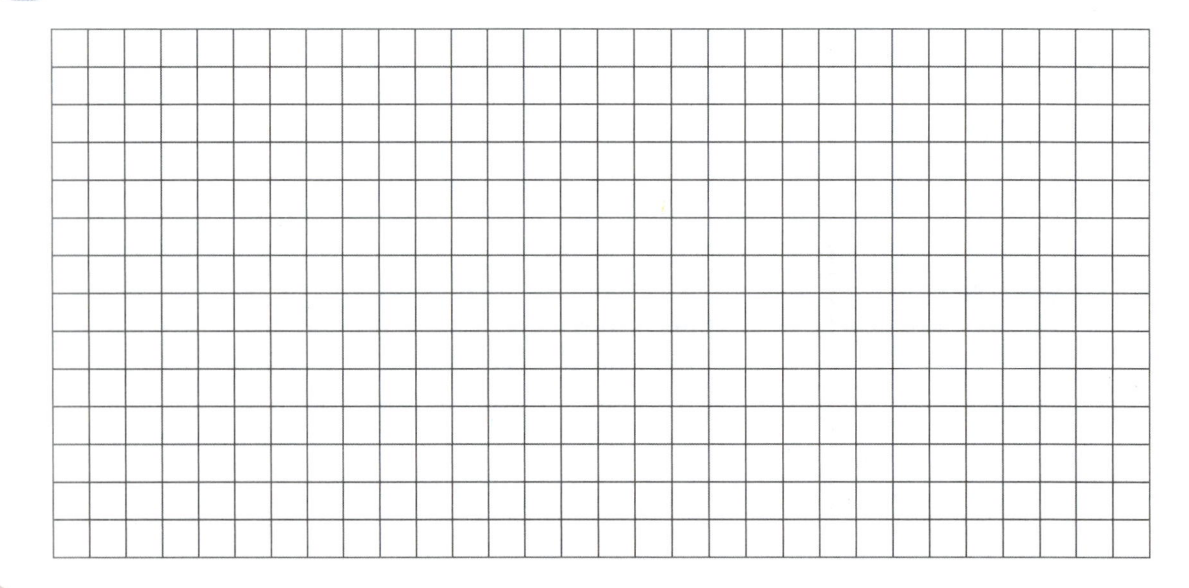

6 Observe os polígonos e responda.

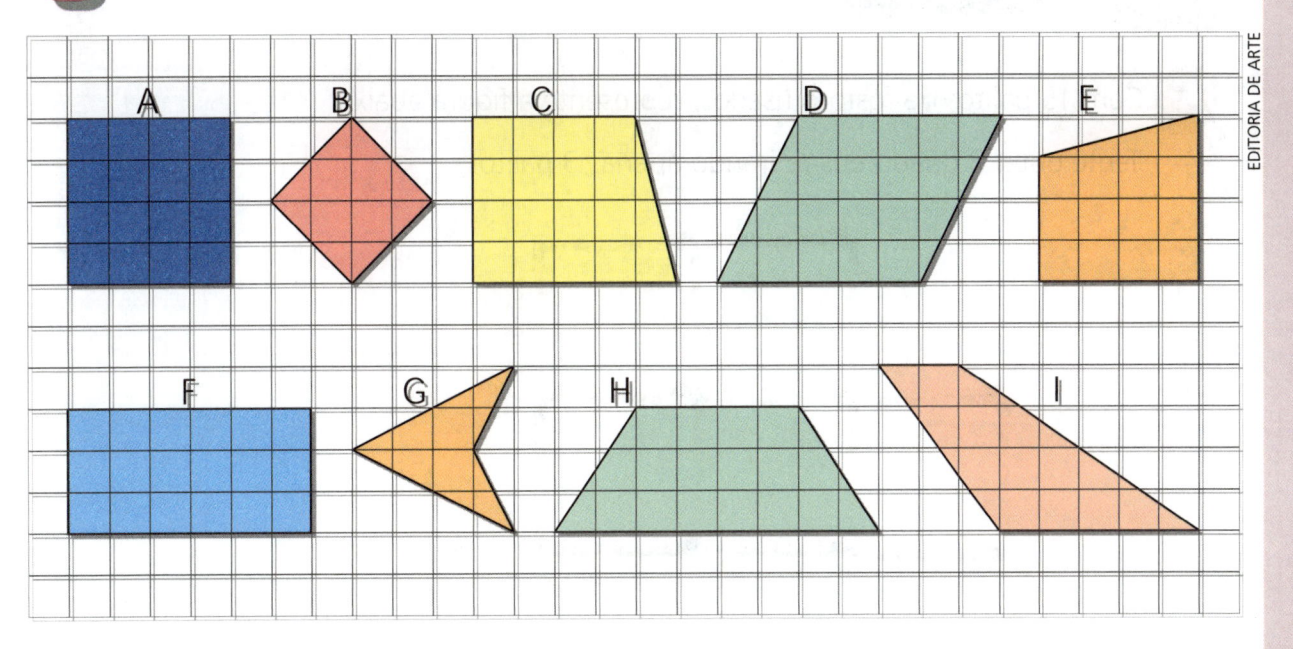

a) Quais são as características dos quadriláteros?

_____

_____

_____

b) Complete o quadro com a letra correspondente a cada um desses quadriláteros na coluna correta.

PARALELOGRAMOS	TRAPÉZIOS	OUTROS QUADRILÁTEROS
2 pares de lados paralelos	apenas 1 par de lados paralelos	sem lados paralelos

119

DESAFIO

A Com 15 palitos de fósforo usados, represente a figura abaixo.

Tente obter 3 quadrados retirando apenas 3 palitos.

B Observe a figura. Troque dois palitos de lugar para formar 3 quadrados.

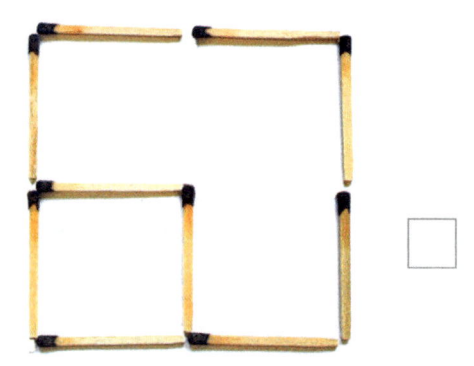

C Nesta figura há 12 palitos. Retire 2 palitos e forme 2 quadrados.

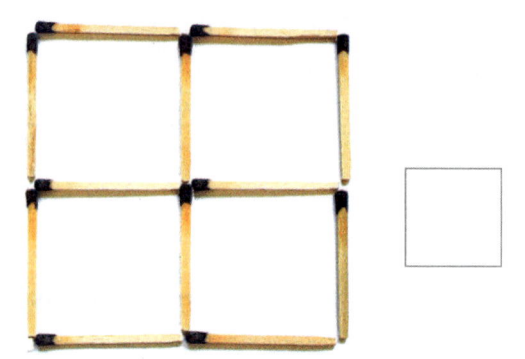

LIÇÃO 10 — TRIÂNGULOS E QUADRILÁTEROS

Muitas construções humanas utilizam elementos que lembram formas poligonais. Veja alguns exemplos:

Portas e janelas de residências.

Estrutura de torre de energia elétrica.

Estrutura de pontes.

Que formas poligonais você pode observar nessas imagens?

Triângulos

Triângulo é o polígono com o menor número de lados: apenas 3 lados.
Os triângulos podem ser classificados de acordo com a medida:

- de seus lados.

3 lados com a mesma medida	2 lados com a mesma medida	3 lados com medidas diferentes
EQUILÁTERO	ISÓSCELES	ESCALENO

- de seus ângulos.

1 ângulo de 90 graus	3 ângulos menores que 90 graus	1 ângulo maior que 90 graus
RETÂNGULO	ACUTÂNGULO	OBTUSÂNGULO

Quadriláteros

Como você já aprendeu, os quadriláteros são polígonos de quatro lados. Veja os diferentes tipos de quadrilátero.

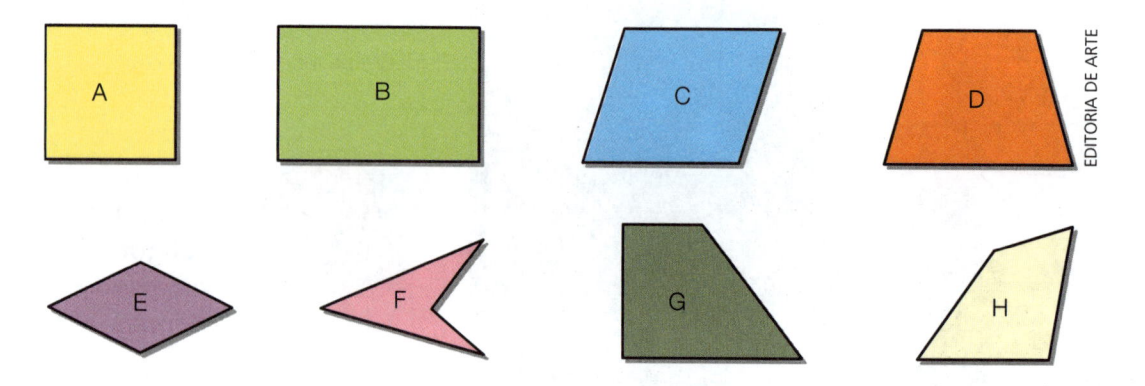

122

Observe as características de cada um desses quadriláteros.

FIGURA	NOME	4 ÂNGULOS RETOS	4 LADOS COM A MESMA MEDIDA	APENAS 1 PAR DE LADOS PARALELOS	2 PARES DE LADOS PARALELOS	SEM LADOS PARALELOS
A	quadrado	Sim	Sim	Não	Sim	Não
B	retângulo	Sim	Não	Não	Sim	Não
C	paralelogramo	Não	Não	Não	Sim	Não
D	trapézio	Não	Não	Sim	Não	Não
E	losango	Não	Sim	Não	Sim	Não
F	quadrilátero	Não	Não	Não	Não	Sim
G	trapézio	Não	Não	Sim	Não	Não
H	quadrilátero	Não	Não	Não	Não	Sim

Os quadriláteros são classificados de acordo com as medidas de seus lados, da posição desses lados e das medidas de seus ângulos.

Paralelogramos são quadriláteros com 2 pares de lados paralelos.

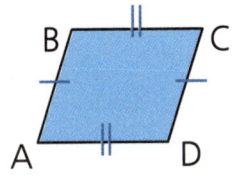

- o lado AB é paralelo ao lado CD;
- o lado AD é paralelo ao lado BC;
- os lados AB e DC têm a mesma medida;
- os lados AD e BC têm a mesma medida.

Também são paralelogramos:

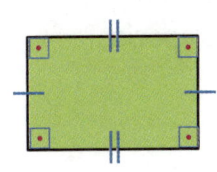

- O **retângulo**, além dos lados opostos paralelos, tem os quatro ângulos retos.

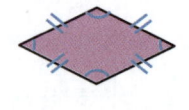

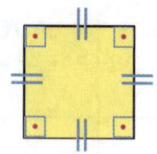

- O **losango**, além dos lados opostos paralelos, tem os quatro lados de mesma medida e os ângulos opostos dois a dois com a mesma medida.

- O **quadrado**, além dos lados opostos paralelos, tem os quatro lados de mesma medida e os quatro ângulos retos.

> **Trapézios** são quadriláteros com apenas um par de lados paralelos.

Estas figuras são trapézios. Destacamos na cor laranja o par de lados paralelos.

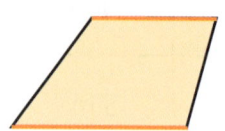

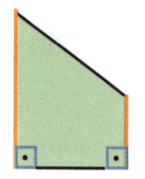

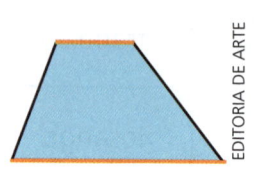

ATIVIDADES

1 Observe os triângulos deste mosaico, desenhados em um retângulo.

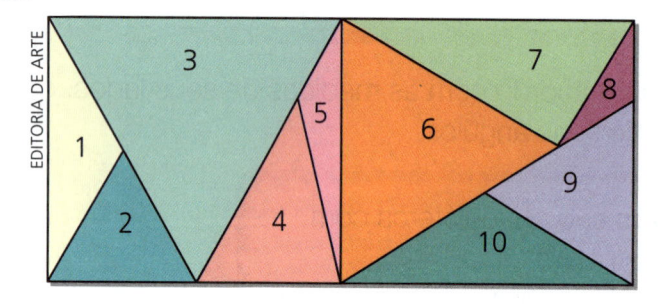

a) Quantos são os triângulos formados por uma só peça? _____

b) Quais são os triângulos formados por duas peças? _____

c) Dos triângulos identificados em **b**, quais são retângulos? _____

d) Identifique quadriláteros formados por

   2 triângulos: _____

   3 triângulos: _____

e) Dos quadriláteros que você identificou no item **d**, quais são trapézios?

_____

2 Associe as duas colunas.

A) Triângulo com os 3 ângulos menores que 90°.   (_____) acutângulo
B) Triângulo com 2 lados de mesma medida.   (_____) escaleno
C) Triângulo com os 3 lados de medidas diferentes.   (_____) equilátero
D) Triângulo com 1 ângulo maior que 90°.   (_____) obtusângulo
E) Triângulo com os 3 lados de mesma medida.   (_____) retângulo
F) Triângulo com 1 ângulo de 90°.   (_____) isósceles

3 Classifique os quadriláteros.

a)

_____
_____

b)

_____
_____

c)

_____
_____

d)

_____
_____

e)

_____
_____

f)

_____
_____

PARA SE DIVERTIR

1 Observe o mosaico.

1	2		3
4	5	6	7	8
9	10	11	

Escreva o número dos retângulos formados por:

a) 1 só peça. _____

_____

b) 2 peças. _____

_____

c) 3 peças. _____

_____

d) 4 peças. _____

_____

e) 5 peças. _____

f) Quantos lados tem o polígono formado pelos retângulos 5, 6 e 10? _____
Que nome ele recebe? _____

g) Quantos lados tem o polígono formado pelos retângulos 3, 8, 11, 6 e 10? _____
Que nome ele recebe? _____

2 Observe o quadrado colorido formado por triângulos de 3 tamanhos diferentes, por um quadrado pequeno e por um paralelogramo. **Decalque** o quadrado ao lado em uma cartolina, pinte cada figura com a cor indicada e recorte as peças.

Utilizando todas as peças, sem sobrepor, forme o triângulo e os quadriláteros desenhados abaixo.

VOCABULÁRIO

decalcar: transferir imagens de uma superfície a outra por compressão ou cópia.

3 Destaque os triângulos da página 275 do Almanaque e construa o máximo de polígonos que conseguir. Desenhe-os contornando os triângulos utilizados conforme o exemplo.

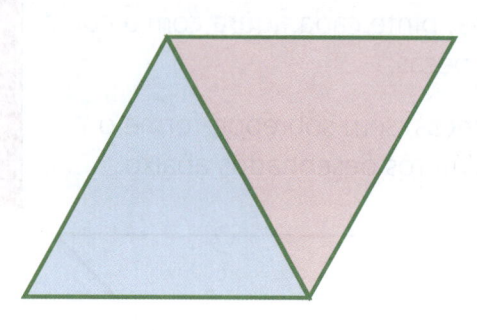

LEIA MAIS

Sin Ji-Yun. *Uma incrível poção mágica*. São Paulo: Callis Editora, 2010.

Bruxa Vanda tinha um sonho: poder ficar em casa sem fazer nada, sem mover um só dedo. Para isso, elaborou uma poção mágica com a qual conseguiria realizar seus desejos e, inclusive, transformar objetos de diferentes formas geométricas em qualquer outra coisa.

11 FRAÇÕES

Representação fracionária

Paulo comeu 5 pedaços de uma barra de chocolate e Maria comeu apenas 2 pedaços. Sobraram 4 pedaços.

Vamos representar numericamente essa situação:

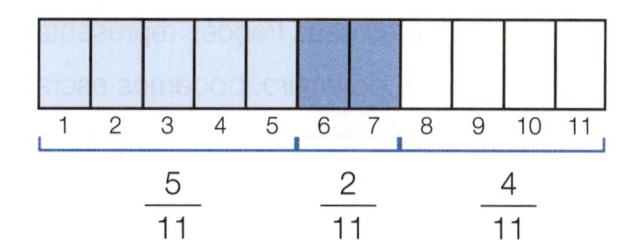

Paulo comeu $\frac{5}{11}$ desse chocolate, Maria comeu $\frac{2}{11}$ e sobraram $\frac{4}{11}$.

Observe que essas frações têm o número 11 como denominador. O denominador indica o número de partes iguais em que o **inteiro** foi dividido.

Essas mesmas frações têm diferentes numeradores. O numerador indica quantas partes do **inteiro** foram consideradas em cada caso.

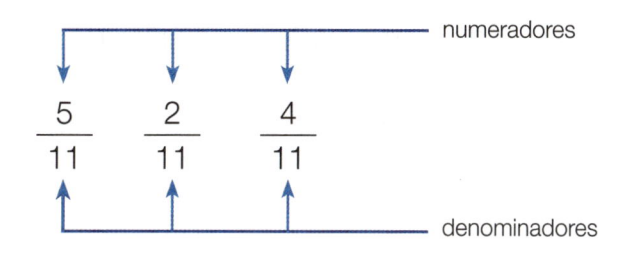

Leitura das frações além de décimos

Vamos relembrar?

Para ler qualquer fração com o **denominador maior que 10**, lemos o numerador, o denominador e, em seguida, utilizamos a palavra **avos**.

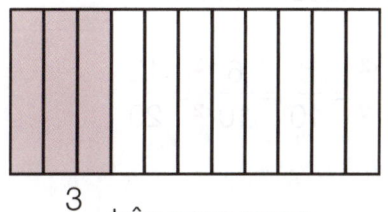

$\frac{3}{11}$ três onze **avos** 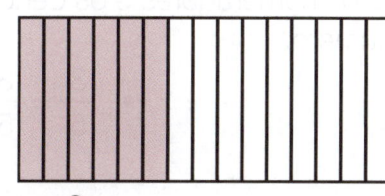 $\frac{6}{15}$ seis quinze **avos** 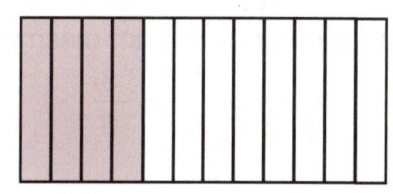 $\frac{4}{12}$ quatro doze **avos**

129

Quando o denominador for 10, 100, 1 000 etc., lemos o numerador acompanhado de **décimos**, **centésimos**, **milésimos** etc.

Exemplos:

$\dfrac{7}{10}$ sete décimos $\dfrac{4}{100}$ quatro centésimos $\dfrac{9}{1\,000}$ nove milésimos

Frações equivalentes

Observe o que acontece com as frações.

Exemplo 1

$\dfrac{1}{2}$

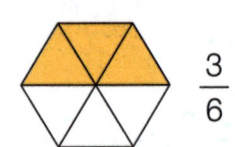

$\dfrac{3}{6}$

Como essas frações representam a mesma parte do inteiro, podemos escrever: $\dfrac{1}{2} = \dfrac{3}{6}$.

Exemplo 2

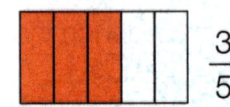

$\dfrac{3}{5}$

$\dfrac{6}{10}$

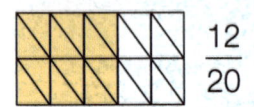

$\dfrac{12}{20}$

Como essas frações representam a mesma parte do inteiro, podemos escrever: $\dfrac{3}{5} = \dfrac{6}{10} = \dfrac{12}{20}$.

Frações escritas com números diferentes e que representam a mesma parte do inteiro são chamadas de **frações equivalentes**.

Nesses exemplos, note que os numeradores e os denominadores foram multiplicados por um mesmo número.

- $\dfrac{1}{2} = \dfrac{1 \times 3}{2 \times 3} = \dfrac{3}{6}$

- $\dfrac{3}{5} = \dfrac{3 \times 2}{5 \times 2} = \dfrac{6}{10} = \dfrac{6 \times 2}{10 \times 2} = \dfrac{12}{20}$

Comparação de frações

Observe as frações.

$\frac{2}{5}$

Verificamos que $\frac{4}{5}$ é maior que $\frac{2}{5}$.

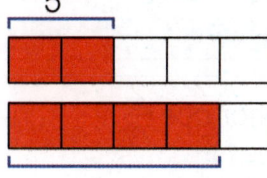

$$\frac{4}{5} > \frac{2}{5}$$

$\frac{4}{5}$

> Se duas frações têm os denominadores iguais, então a fração maior é a que tem maior numerador.

$\frac{4}{5}$

Verificamos que $\frac{4}{5}$ é maior que $\frac{4}{6}$.

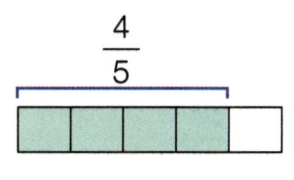

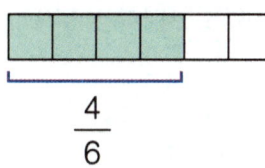

$$\frac{4}{5} > \frac{4}{6}$$

$\frac{4}{6}$

> Se duas frações têm os numeradores iguais, então a fração maior é a que tem menor denominador.

ATIVIDADES

1 Represente cada fração considerando o retângulo como o inteiro. Observe o exemplo.

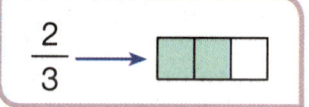

$\frac{2}{3}$ →

a) $\frac{1}{2}$

b) $\frac{3}{5}$

c) $\frac{2}{5}$

d) $\frac{7}{8}$

e) $\frac{2}{4}$

f) $\frac{2}{7}$

g) $\frac{4}{9}$

h) $\frac{8}{10}$

2 Faça desenhos representando o que é pedido.

a) uma fração maior que $\frac{4}{7}$

_____

b) uma fração menor que $\frac{1}{2}$

_____

c) uma fração maior que $\frac{3}{8}$

_____

d) uma fração menor que $\frac{2}{3}$

_____

3 Represente as frações indicadas colorindo cada figura correspondente.

$\frac{1}{4}$

$\frac{2}{4}$

$\frac{3}{4}$

a) A fração menor é _____.

b) A fração maior é _____.

4 Coloque as frações em ordem crescente, usando o símbolo < (menor que), e em ordem decrescente, usando o símbolo > (maior que).

a) $\frac{3}{9}$ $\frac{4}{9}$ $\frac{7}{9}$ $\frac{2}{9}$ $\frac{5}{9}$ $\frac{1}{9}$ $\frac{6}{9}$

crescente:

_____

decrescente:

_____

b) $\frac{5}{7}$ $\frac{5}{11}$ $\frac{5}{6}$ $\frac{5}{8}$ $\frac{5}{12}$ $\frac{5}{10}$ $\frac{5}{9}$

crescente:

_____

decrescente:

_____

Classificação de frações

As frações são classificadas de acordo com o numerador e o denominador.

Fração própria

É toda fração com numerador menor que o denominador. Uma fração própria é menor que 1 inteiro.

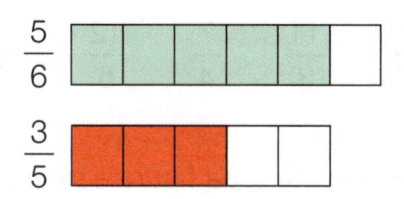

$\frac{5}{6}$

$\frac{3}{5}$

Fração imprópria

É toda fração com numerador maior ou igual ao denominador. Uma fração imprópria é igual ou maior que 1 inteiro.

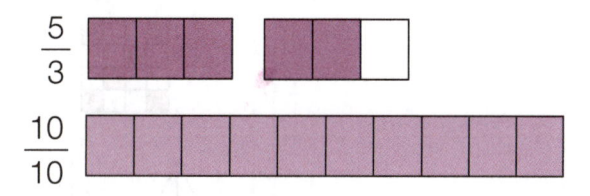

$\frac{5}{3}$

$\frac{10}{10}$

Fração aparente

É toda fração com numerador múltiplo do denominador. Uma fração aparente é igual a um número inteiro de unidades.

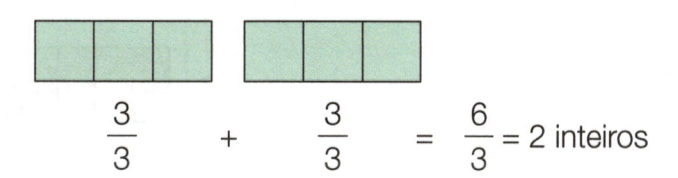

$\frac{3}{3}$ + $\frac{3}{3}$ = $\frac{6}{3}$ = 2 inteiros

Toda fração aparente é imprópria, porém nem toda fração imprópria é aparente.

ATIVIDADES

1 Identifique e circule as frações próprias.

$\frac{1}{5}$ $\frac{2}{7}$ $\frac{7}{8}$ $\frac{11}{10}$ $\frac{8}{7}$ $\frac{1}{7}$ $\frac{9}{4}$ $\frac{3}{3}$

Agora, circule as frações impróprias.

$\frac{8}{3}$ $\frac{7}{2}$ $\frac{1}{8}$ $\frac{6}{6}$ $\frac{11}{3}$ $\frac{7}{4}$ $\frac{12}{5}$ $\frac{10}{3}$

2 Escreva a fração que representa cada figura e se ela é própria ou imprópria. Observe o exemplo.

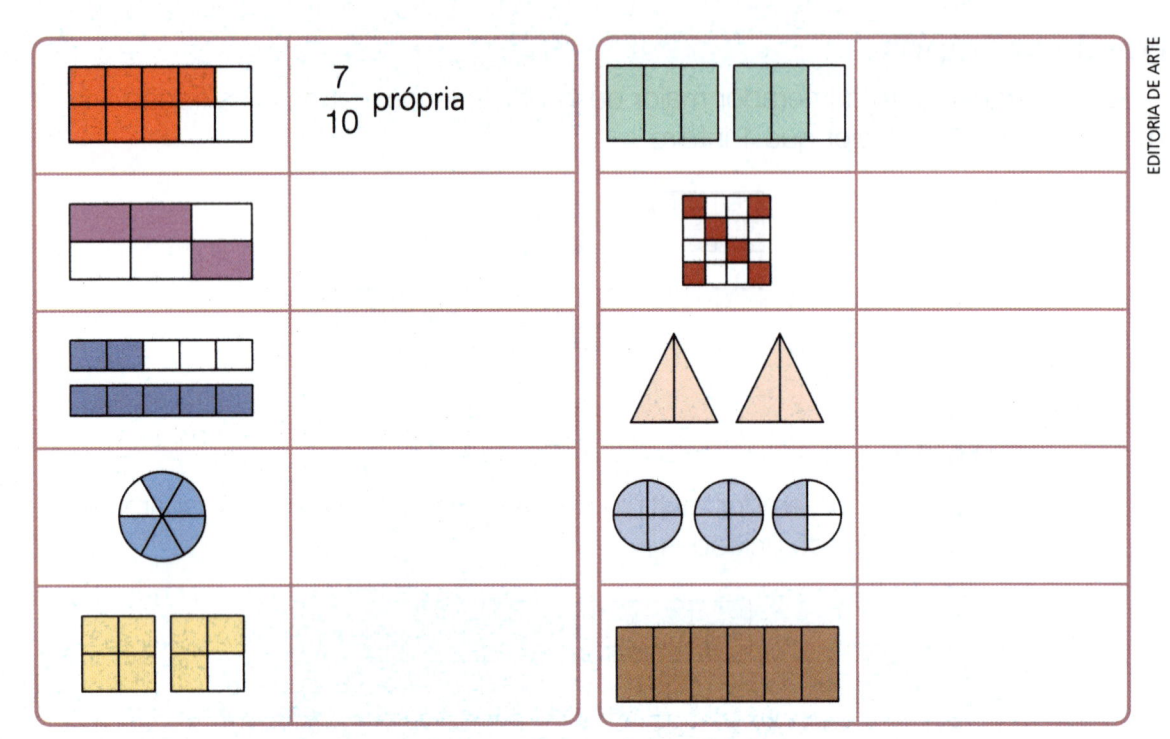

$\frac{7}{10}$ própria

3 Compare as frações colocando os símbolos > ou <.

a) $\frac{1}{9}$ _____ $\frac{4}{8}$

b) $\frac{4}{7}$ _____ $\frac{2}{7}$

c) $\frac{3}{3}$ _____ $\frac{2}{3}$

d) $\frac{7}{8}$ _____ $\frac{6}{8}$

e) $\frac{2}{4}$ _____ $\frac{13}{4}$

f) $\frac{6}{9}$ _____ $\frac{8}{9}$

Número misto

Observe as figuras.

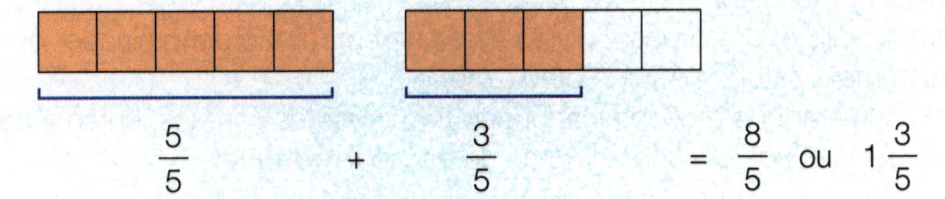

$$\frac{5}{5} + \frac{3}{5} = \frac{8}{5} \text{ ou } 1\frac{3}{5}$$

Note que foram consideradas todas as partes de um inteiro e $\frac{3}{5}$ de outro inteiro. Podemos representar as partes coloridas assim:

$\frac{8}{5}$ (oito quintos) ou $1\frac{3}{5}$ (um inteiro e três quintos).

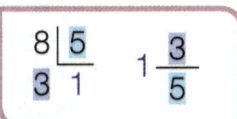

$$\begin{array}{r|l} 8 & 5 \\ \hline 3 & 1 \end{array} \quad 1\frac{3}{5}$$

> A fração formada por inteiros e partes de outro inteiro é chamada de **número misto**.

Veja outros exemplos.

$$\frac{3}{3} + \frac{1}{3} = \frac{4}{3} = 1\frac{1}{3}$$

$$\frac{2}{2} + \frac{2}{2} + \frac{2}{2} + \frac{1}{2} = \frac{7}{2} = 3\frac{1}{2}$$

Podemos transformar a fração imprópria em número misto e vice-versa.

- $\frac{11}{4} = \frac{4}{4} + \frac{4}{4} + \frac{3}{4} = 2\frac{3}{4}$
- $2\frac{3}{4} = 2 + \frac{3}{4} = \frac{8}{4} + \frac{3}{4} = \frac{11}{4}$ ou $2\frac{3}{4} = \frac{2 \times 4 + 3}{4} = \frac{11}{4}$

135

Simplificação de frações

Simplificar uma fração é obter outra fração equivalente com o numerador e o denominador menores.

Para simplificar uma fração, divide-se o numerador e o denominador por um mesmo número natural diferente de 0 (zero).

Se o numerador e o denominador não têm divisores comuns, então a fração não pode ser simplificada e recebe o nome de fração **irredutível**.

Exemplos:

$$\frac{10}{12} = \frac{10 \div 2}{12 \div 2} = \frac{5}{6} \qquad \boxed{\frac{10}{12} = \frac{5}{6}}$$

$$\frac{5}{10} = \frac{5 \div 5}{10 \div 5} = \frac{1}{2} \qquad \boxed{\frac{5}{10} = \frac{1}{2}}$$

$$\frac{18}{12} = \frac{18 \div 2}{12 \div 2} = \frac{9}{6} \qquad \frac{9 \div 3}{6 \div 3} = \frac{3}{2} \qquad \boxed{\frac{18}{12} = \frac{3}{2}}$$

As frações $\frac{5}{6}$, $\frac{1}{2}$ e $\frac{3}{2}$ são irredutíveis.

Inverso de uma fração

Milena ganhou meia *pizza* e vai dividi-la entre duas amigas. Cada uma ganhará $\frac{1}{4}$ em relação à *pizza* inteira.

$$\frac{1}{2} \div 2 = \frac{1}{2} \div \frac{2}{1} = \frac{1}{2} \times \frac{1}{2} = \frac{1}{4}$$

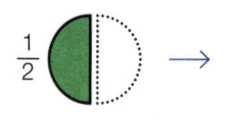

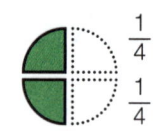

Um quarto de *pizza* para cada uma.

Para dividir uma fração por outra, basta multiplicar a 1ª fração pelo inverso da 2ª.

Dois números são inversos quando o produto deles é igual a 1.

Exemplos:

$\frac{5}{8} \times \frac{8}{5} = \frac{40}{40} = 1$ • As frações $\frac{5}{8}$ e $\frac{8}{5}$ são inversas.

$\frac{1}{5} \times 5 = \frac{1}{5} \times \frac{5}{1} = \frac{5}{5} = 1$ • Os números $\frac{1}{5}$ e 5 são inversos.

Fração de um número natural

Gustavo ganhou 16 figurinhas.

Vai colar $\frac{2}{4}$ no álbum dele.

Quantas figurinhas Gustavo vai colar no álbum?

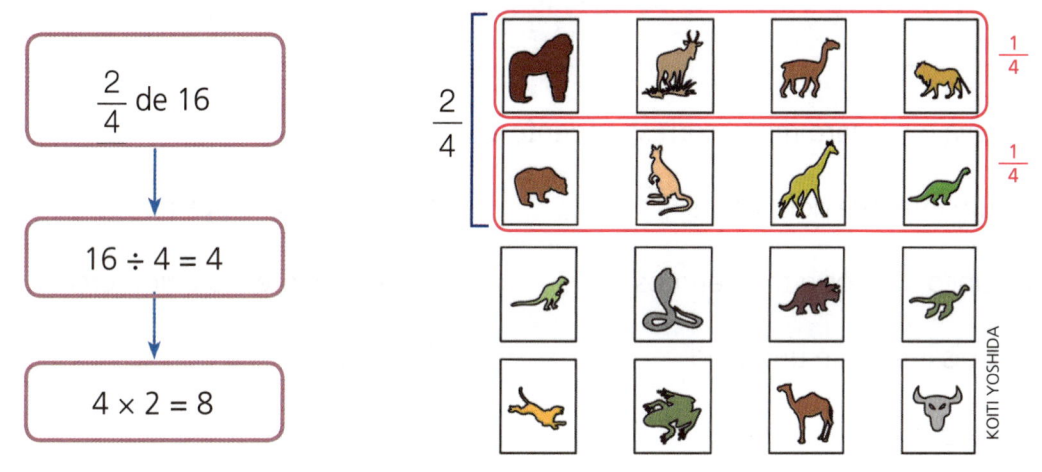

$\frac{2}{4}$ de 16

$16 \div 4 = 4$

$4 \times 2 = 8$

Resposta: Gustavo vai colar 8 figurinhas.

> Para calcular a fração de um número natural, divide-se o número natural pelo denominador e multiplica-se o resultado pelo numerador.

Exemplos:

- $\frac{2}{4}$ de 16 ⟶ $16 \div 4 = 4$ ⟶ $4 \times 2 = 8$ $\frac{2}{4}$ de 16 é igual a 8.

- $\frac{3}{4}$ de 16 ⟶ $16 \div 4 = 4$ ⟶ $4 \times 3 = 12$ $\frac{3}{4}$ de 16 é igual a 12.

ATIVIDADES

1 Escreva a fração imprópria e o número misto correspondente a estas figuras.

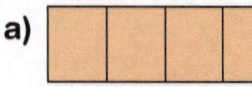

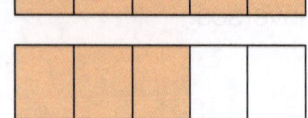

a)

b)

c)

d)

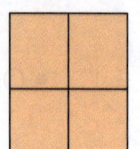

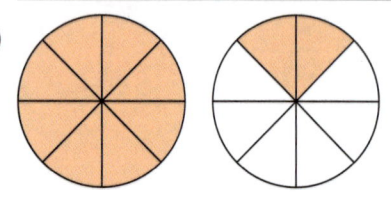

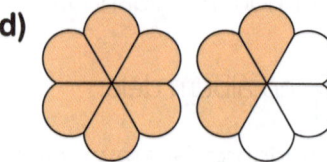

2 Escreva o número misto correspondente a:

a) um inteiro e dois sextos. _____
b) cinco inteiros e três sétimos. _____
c) dois inteiros e um meio. _____
d) um inteiro e três nonos. _____
e) quatro inteiros e um terço. _____
f) três inteiros e dois terços. _____

3 Calcule:

a) $\frac{1}{3}$ de 21 _____

b) $\frac{2}{3}$ de 30 _____

c) $\frac{1}{5}$ de 60 _____

d) $\frac{3}{5}$ de 90 _____

e) $\frac{2}{3}$ de 150 _____

f) $\frac{3}{5}$ de 25 _____

g) $\frac{4}{6}$ de 12 _____

h) $\frac{4}{7}$ de 42 _____

i) $\frac{3}{5}$ de 240 _____

j) $\frac{2}{3}$ de 9 _____

k) $\frac{6}{9}$ de 63 _____

l) $\frac{3}{8}$ de 400 _____

4 Complete o quadro.

FRAÇÃO	REPRESENTAÇÃO GRÁFICA	CÁLCULO NUMÉRICO	NÚMERO MISTO
$\frac{8}{3}$		$\begin{array}{r|l} 8 & 3 \\ \hline 2 & 2 \end{array}$	$2\frac{2}{3}$
$\frac{9}{4}$			
$\frac{7}{2}$			
$\frac{15}{8}$			
$\frac{14}{3}$			
$\frac{19}{4}$			

5 Transforme as frações impróprias em um número misto.

a) $\frac{14}{5}$ _____

b) $\frac{9}{2}$ _____

c) $\frac{8}{3}$ _____

d) $\frac{27}{4}$ _____

e) $\frac{36}{7}$ _____

f) $\frac{28}{9}$ _____

g) $\frac{21}{6}$ _____

h) $\frac{29}{8}$ _____

i) $\frac{15}{2}$ _____

j) $\frac{10}{3}$ _____

k) $\frac{17}{6}$ _____

l) $\frac{36}{5}$ _____

6 Transforme cada número misto em fração imprópria, conforme o exemplo.

$$1\frac{1}{2} = \frac{1 \times 2 + 1}{2} = \frac{3}{2}$$

a) $2\frac{1}{3}$

b) $3\frac{4}{5}$

c) $3\frac{2}{3}$

d) $5\frac{3}{4}$

e) $2\frac{2}{5}$

f) $4\frac{1}{2}$

g) $5\frac{4}{5}$

h) $2\frac{5}{6}$

i) $1\frac{2}{4}$

j) $3\frac{2}{7}$

k) $6\frac{3}{5}$

l) $3\frac{4}{7}$

7 Complete as frações para que sejam equivalentes.

a) $\dfrac{3}{5} = \dfrac{\square}{20}$

b) $\dfrac{6}{9} = \dfrac{\square}{3}$

c) $\dfrac{3}{27} = \dfrac{1}{\square}$

d) $\dfrac{12}{6} = \dfrac{\square}{3}$

e) $\dfrac{10}{4} = \dfrac{5}{\square}$

f) $\dfrac{2}{3} = \dfrac{4}{\square}$

g) $\dfrac{3}{8} = \dfrac{9}{\square}$

h) $\dfrac{8}{10} = \dfrac{4}{\square}$

i) $\dfrac{25}{30} = \dfrac{5}{\square}$

8 Escreva três frações equivalentes.

a) $\dfrac{1}{3} =$

b) $\dfrac{3}{4} =$

c) $\dfrac{2}{3} =$

d) $\dfrac{2}{5} =$

9 Simplifique as frações em seu caderno. Escreva aqui o resultado.

a) $\dfrac{24}{30}$

b) $\dfrac{16}{36}$

c) $\dfrac{72}{48}$

d) $\dfrac{16}{24}$

e) $\dfrac{27}{81}$

f) $\dfrac{30}{75}$

10 Pinte as bolinhas nas quantidades correspondentes a:

a) $\dfrac{1}{7}$ de 14 bolinhas

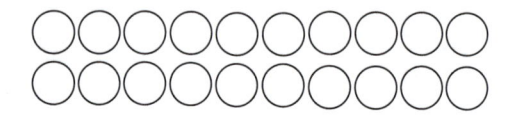

b) $\dfrac{1}{5}$ de 10 bolinhas

c) $\dfrac{1}{6}$ de 6 bolinhas

d) $\dfrac{3}{5}$ de 20 bolinhas

e) $\dfrac{1}{8}$ de 16 bolinhas

f) $\dfrac{2}{3}$ de 18 bolinhas

PROBLEMAS

1 Uma cozinheira fez 60 doces, dos quais já vendeu $\frac{2}{3}$. Quantos doces foram vendidos?

Resposta: _____

2 Quantos são $\frac{2}{5}$ do número 20?

Resposta: _____

3 Antônio tinha 42 pastéis, dos quais já vendeu $\frac{2}{3}$. Quantos pastéis Antônio vendeu?

Resposta: _____

4 Para um trabalho, João precisa fazer 100 círculos de papel. Já recortou $\frac{1}{4}$ dessa quantidade. Quantos círculos João recortou?

Resposta: _____

DESAFIO

Rosa tem um tabuleiro com capacidade para 48 doces. Ela sai cedo para vender seus doces. Ajude-a a colocá-los no tabuleiro. Ela precisa colocar 12 doces de banana, 24 cocadas e o restante são paçoquinhas.

Responda:

a) Qual é a fração que representa o tabuleiro cheio de doces? _____

b) Represente com frações cada tipo de doce que há no tabuleiro.

c) No final da tarde, Rosa havia vendido $\frac{2}{3}$ dos doces do tabuleiro. Mostre com uma fração quantos doces restaram e registre quantos são em quantidade.

LEIA MAIS

Luzia Faraco Ramos. *Doces frações*. São Paulo: Ática, 2005.

Caio e Adelaide foram passar o fim de semana com a vovó Elisa. Dona Elisa, que faz tortas para vender, pediu aos netos que a ajudassem a dividir as tortas e colocar preço nos pedaços. Essa história ajuda as crianças a construir o conceito de fração e a desenvolver a noção de equivalência.

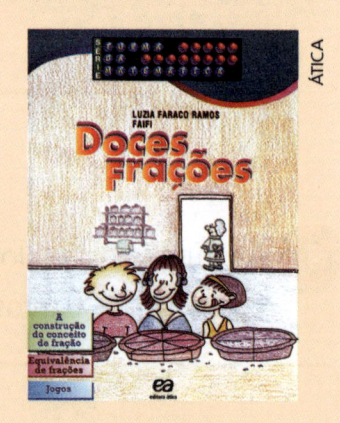

EU GOSTO DE APRENDER MAIS

1 Leia o problema.

> Em meu jardim há duas torneiras que são usadas juntas. Quando abertas no máximo, a primeira jorra $\frac{4}{5}$ de 1 litro por minuto e a segunda, $\frac{3}{5}$ de 1 litro. Quanto vou pagar (em R$) de água ao final de um mês usando essas duas torneiras juntas?

a) Anote, a seguir, os dados do problema e a pergunta:

Primeira torneira jorra: _____

Segunda torneira jorra: _____

Pergunta: _____

b) O que informam os dados do problema? _____
_____

c) O que a pergunta do problema solicita? _____
_____

d) Os dados são suficientes para responder à pergunta? _____

- Esse problema tem solução? Troque ideias com os colegas.

2 Elabore no caderno uma pergunta para a situação a seguir de modo que o problema não tenha solução.

> Andreia comeu $\frac{1}{5}$ de uma melancia e Adriana comeu $\frac{2}{5}$.

Compare a pergunta que você elaborou com a de outro colega.

LIÇÃO 12 — OPERAÇÕES COM FRAÇÕES

Adição

Observe:

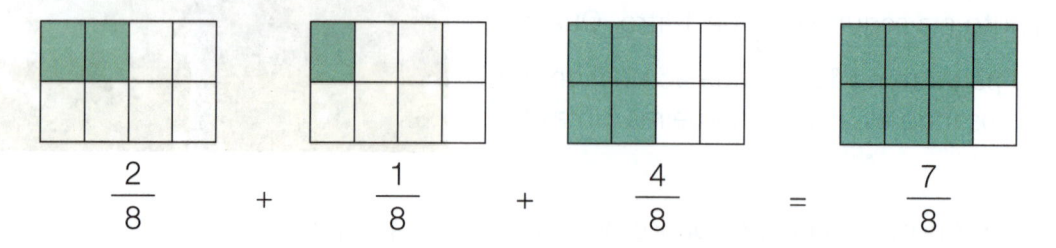

$$\frac{2}{8} + \frac{1}{8} + \frac{4}{8} = \frac{7}{8}$$

> Para adicionar frações com denominadores iguais, adicionamos os numeradores e conservamos o denominador comum.

Agora, veja:

$$\frac{1}{2} + \frac{2}{4} = \;?$$

> Para adicionar frações com denominadores diferentes, primeiro reduzimos as frações ao mesmo denominador. Depois adicionamos as frações com os denominadores iguais.

Para encontrar esse denominador comum, procuramos o menor múltiplo comum entre os números do denominador.

Observe:

M(2) = {0, 2, ④, 6, 8, 10, ...}   M(4) = {0, ④, 8, 12, 16, ...}

O menor múltiplo comum dos denominadores, diferente de 0, é 4. Logo, 4 será o denominador comum.

$$\frac{1}{2} \genfrac{}{}{0pt}{}{\times 2}{\times 2} = \frac{2}{4}$$

$$\frac{2}{4}$$

$\frac{2}{4}$ é fração equivalente a $\frac{1}{2}$

$$\frac{1}{2} + \frac{2}{4} = \frac{2}{4} + \frac{2}{4} = \frac{4}{4} = 1$$

Vamos ver um exemplo com números mistos.
Transformamos os números mistos em frações impróprias.

$$3\frac{1}{5} + 2\frac{1}{3} = \frac{16}{5} + \frac{7}{3}$$

Em seguida, reduzimos as frações ao mesmo denominador.

M(5) = {0, 5, 10, ⑮, 20, 25, ...}   M(3) = {0, 3, 6, 9, 12, ⑮, 18, ...}

O menor múltiplo comum dos denominadores, diferente de 0, é 15. Logo, o denominador comum é 15.

$$\frac{16}{5} \begin{matrix}\times 3 \\ \times 3\end{matrix} = \frac{48}{15}$$

$$\frac{16}{5} + \frac{7}{3} = \frac{48}{15} + \frac{35}{15} = \frac{83}{15}$$

$$\frac{7}{3} \begin{matrix}\times 5 \\ \times 5\end{matrix} = \frac{35}{15}$$

$$\frac{83}{15} = 5\frac{8}{15} \qquad \begin{array}{r|l} 83 & 15 \\ -75 & 5 \\ \hline 08 & \end{array}$$

Subtração

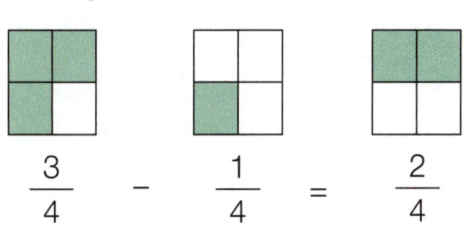

$$\frac{3}{4} - \frac{1}{4} = \frac{2}{4}$$

> Para subtrair frações com denominadores iguais, subtraem-se os numeradores e conserva-se o denominador comum.

> Para subtrair frações com denominadores diferentes, primeiro reduzimos as frações ao mesmo denominador, depois subtraímos as frações com os denominadores iguais.

$$\frac{8}{5} - \frac{2}{3} = \text{?}$$

Observe:

M(5) = {0, 5, 10, ⑮, ...}   M(3) = {0, 3, 6, 9, 12, ⑮, ...}

O menor múltiplo comum desses denominadores, diferente de zero, é 15. Dividimos o menor múltiplo comum dos denominadores das duas frações pelo denominador de cada uma delas e multiplicamos os quocientes obtidos pelos respectivos numeradores.

$$\frac{8}{5} \begin{matrix}\times 3 \\ \times 3\end{matrix} = \frac{24}{15}$$

$$\frac{2}{3} \begin{matrix}\times 5 \\ \times 5\end{matrix} = \frac{10}{15}$$

$$\frac{8}{5} - \frac{2}{3} = \frac{24}{15} - \frac{10}{15} = \frac{14}{15}$$

Exemplo com números mistos:

$$7\frac{1}{7} - 2\frac{15}{14} = \;?$$

Transformamos os números mistos em frações impróprias e subtraímos as frações.

$$7\frac{1}{7} = \frac{50}{7} \quad \text{e} \quad 2\frac{15}{14} = \frac{43}{14}$$

$$7\frac{1}{7} - 2\frac{15}{14} = \frac{50}{7} - \frac{43}{14}$$

Para efetuar essa subtração, reduzimos as frações ao mesmo denominador.

M(7) = {0, 7, ⑭, 21, ...}

M(14) = {0, ⑭, 28, ...}

O menor múltiplo comum dos denominadores, diferente de zero, é 14. Logo:

$$\frac{50}{7} \begin{array}{c} \times 2 \\ \times 2 \end{array} = \frac{100}{14}$$

$$\frac{50}{7} - \frac{43}{14} = \frac{100}{14} - \frac{43}{14} = \frac{57}{14}$$

$$\frac{57}{14} = 4\frac{1}{14} \qquad \begin{array}{c|c} 57 & 14 \\ \hline 01 & 4 \end{array}$$

Portanto: $7\dfrac{1}{7} - 2\dfrac{15}{14} = 4\dfrac{1}{14}$

ATIVIDADES

1 Represente as operações da adição conforme o exemplo.

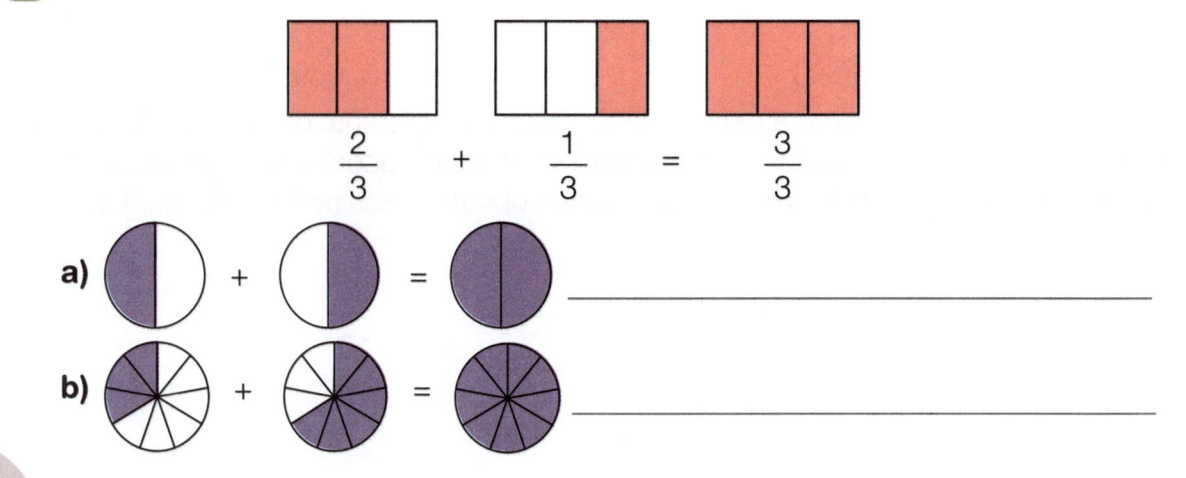

$$\frac{2}{3} \;+\; \frac{1}{3} \;=\; \frac{3}{3}$$

a) ◐ + ◐ = ● _____

b) + = _____

146

c) 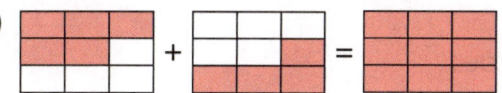 ▢ + ▢ = ▢ _____

d) 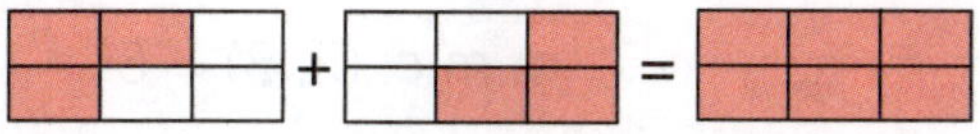 ▢ + ▢ = ▢ _____

2 Efetue as operações indicadas pelas figuras.

▢ + ▢ ⟶ $\dfrac{3}{4} + \dfrac{4}{4} =$

▢ + ▢ ⟶ $\dfrac{3}{3} + \dfrac{1}{3} =$

▢ + ▢ ⟶ $\dfrac{2}{5} + \dfrac{2}{5} =$

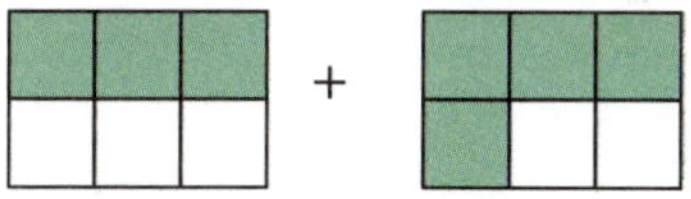

▢ + ▢ ⟶ $\dfrac{3}{6} + \dfrac{4}{6} =$

3 Efetue as operações:

a) $\dfrac{4}{9} + \dfrac{5}{9} =$

b) $\dfrac{4}{10} + \dfrac{4}{10} =$

c) $\dfrac{5}{15} + \dfrac{4}{15} + \dfrac{3}{15} =$

d) $\dfrac{4}{12} + \dfrac{2}{12} + \dfrac{3}{12} =$

e) $\dfrac{4}{7} + \dfrac{3}{7} + \dfrac{5}{7} =$

f) $\dfrac{3}{5} + \dfrac{2}{5} + \dfrac{7}{5} =$

g) $\dfrac{3}{11} + \dfrac{1}{11} + \dfrac{6}{11} + \dfrac{2}{11} =$

h) $\dfrac{1}{9} + \dfrac{3}{9} + \dfrac{7}{9} + \dfrac{8}{9} =$

4 Observe o exemplo e efetue as operações.

$$\frac{1}{2}\underset{\times 3}{\overset{\times 3}{}} + \frac{2}{3}\underset{\times 2}{\overset{\times 2}{}} = \frac{3}{6} + \frac{4}{6} = \frac{7}{6} \qquad \text{m.m.c. }(2,3)=6$$

a) $\dfrac{2}{5} + \dfrac{1}{6} =$

b) $\dfrac{2}{7} + \dfrac{1}{3} =$

c) $\dfrac{7}{12} + \dfrac{3}{6} + \dfrac{1}{2} =$

d) $\dfrac{5}{6} + \dfrac{1}{3} + \dfrac{7}{9} =$

$$1\frac{3}{5} + 2\frac{1}{3} = \frac{8}{5}\underset{\times 3}{\overset{\times 3}{}} + \frac{7}{3}\underset{\times 5}{\overset{\times 5}{}} = \frac{24}{15} + \frac{35}{15} = \frac{59}{15} = 3\frac{14}{15} \qquad \text{m.m.c. }(5,3)=15$$

e) $2\dfrac{3}{5} + 3\dfrac{1}{4}$

f) $3\dfrac{1}{5} + 2\dfrac{1}{8}$

g) $1\dfrac{1}{3} + 2\dfrac{1}{7}$

h) $4\dfrac{1}{8} + 2\dfrac{7}{6}$

5 Efetue as operações e simplifique o resultado quando possível.

a) $\dfrac{3}{4} - \dfrac{1}{4} =$

b) $\dfrac{9}{3} - \dfrac{7}{3} =$

c) $\dfrac{6}{10} - \dfrac{4}{10} =$

d) $\dfrac{4}{15} - \dfrac{3}{15} =$

e) $\dfrac{8}{6} - \dfrac{5}{6} =$

f) $\dfrac{5}{2} - \dfrac{3}{2} =$

g) $\dfrac{7}{12} - \dfrac{5}{12} =$

h) $\dfrac{8}{9} - \dfrac{1}{9} =$

6 Observe os exemplos e efetue.

$$\frac{7}{5} - \frac{4}{3} = \frac{7 \times 3}{5 \times 3} - \frac{4 \times 5}{3 \times 5} = \frac{21}{15} - \frac{20}{15} = \frac{1}{15}$$

a) $\dfrac{3}{4} - \dfrac{2}{3} =$

b) $\dfrac{3}{5} - \dfrac{1}{7} =$

c) $\dfrac{7}{9} - \dfrac{1}{3} =$

d) $\dfrac{3}{8} - \dfrac{2}{7} =$

$$8\frac{1}{7} - 2\frac{1}{14} = \frac{57}{7} - \frac{29}{14} = \frac{114}{14} - \frac{29}{14} = \frac{85}{14} = 6\frac{1}{14}$$

e) $12\dfrac{1}{8} - 10\dfrac{2}{7} =$

f) $3\dfrac{5}{8} - 2\dfrac{7}{16} =$

g) $3\dfrac{1}{8} - 1\dfrac{7}{9} =$

h) $4\dfrac{15}{18} - 2\dfrac{17}{36} =$

PROBLEMAS

1 Mariana comprou $\dfrac{1}{5}$ de uma peça de tecido e Lúcia comprou $\dfrac{2}{5}$ dessa mesma peça. Quanto compraram as duas irmãs juntas?

Resposta: _____

2 Uma torneira jorra $\dfrac{3}{5}$ de 1 litro de água por minuto, outra, $\dfrac{2}{3}$ de 1 litro. Quanto de água jorram as duas torneiras juntas?

Resposta: _____

Multiplicação

Observe.

$$\frac{1}{2} + \frac{1}{2} + \frac{1}{2} = \frac{3}{2}$$

Usando o processo da multiplicação, temos:

$$3 \times \frac{1}{2} = \frac{3}{2} \quad \text{ou ainda} \quad \frac{3}{1} \times \frac{1}{2} = \frac{3}{2}$$

> Para multiplicar um inteiro por uma fração, multiplicamos o inteiro pelo numerador e conservamos o denominador.

Observe outros exemplos.

$$4 \times \frac{1}{4} = \frac{4}{1} \times \frac{1}{4} = \frac{4}{4} = 1$$

$$3 \times \frac{4}{5} = \frac{12}{5} = 2\frac{2}{5} \quad \text{(extraindo os inteiros)}$$

$$4 \times \frac{2}{7} = \frac{8}{7} = 1\frac{1}{7} \quad \text{(extraindo os inteiros)}$$

> Para multiplicar fração por fração, multiplicamos os numeradores e os denominadores entre si.

Observe.

$$\frac{1}{2} \times \frac{1}{4} = \frac{1}{8} \qquad \frac{4}{5} \times \frac{3}{7} = \frac{12}{35}$$

> Para multiplicar números mistos, deve-se transformá-los em frações impróprias antes de efetuar a operação.

Exemplos:

$3\frac{1}{5} \times 2\frac{1}{3} = \frac{16}{5} \times \frac{7}{3} = \frac{112}{15} = 7\frac{7}{15}$

$5\frac{1}{2} \times 12 = \frac{11}{2} \times 12 = \frac{132}{2} = 66$

Divisão

Para dividir uma fração por outra, basta multiplicar a primeira fração pelo inverso da segunda.

Exemplos:

$\frac{1}{2} \div 3 = \frac{1}{2} \div \frac{3}{1} = \frac{1}{2} \times \frac{1}{3} = \frac{1}{6}$

$4 \div \frac{1}{5} = \frac{4}{1} \div \frac{1}{5} = \frac{4}{1} \times \frac{5}{1} = \frac{20}{1} = 20$

$\frac{1}{2} \div \frac{1}{4} = \frac{1}{2} \times \frac{4}{1} = \frac{4}{2} = 2$

$\frac{4}{9} \div \frac{2}{3} = \frac{4}{9} \times \frac{3}{2} = \frac{12}{18}$

$2\frac{1}{2} \div 1\frac{1}{3} = \frac{5}{2} \div \frac{4}{3} = \frac{5}{2} \times \frac{3}{4} = \frac{15}{8} = 1\frac{7}{8}$

Dois números são inversos quando o produto deles é igual a 1.
Para dividir números mistos, precisamos transformá-los em frações impróprias.

A divisão é a operação inversa da multiplicação.

ATIVIDADES

1 Encontre o resultado, usando o processo aditivo. Observe o exemplo.

$3 \times \frac{1}{8} = \frac{1}{8} + \frac{1}{8} + \frac{1}{8} = \frac{3}{8}$

a) $5 \times \frac{1}{7} =$

b) $4 \times \frac{1}{5} =$

c) $4 \times \frac{2}{10} =$

d) $3 \times \frac{2}{9} =$

e) $5 \times \frac{1}{3} =$

f) $6 \times \frac{3}{4} =$

2 Agora, observe o exemplo e resolva.

$$2 \times \frac{2}{5} = \frac{4}{5}$$

a) $3 \times \frac{1}{4} =$ _____

b) $5 \times \frac{2}{7} =$ _____

c) $7 \times \frac{2}{9} =$ _____

d) $10 \times \frac{2}{7} =$ _____

e) $4 \times \frac{3}{7} =$ _____

f) $8 \times \frac{7}{9} =$ _____

g) $6 \times \frac{2}{3} =$ _____

h) $12 \times \frac{1}{8} =$ _____

3 Efetue as operações observando os exemplos.

$$\frac{8}{9} \times \frac{1}{3} = \frac{8}{27}$$

$$\frac{2}{4} \times \frac{8}{16} = \frac{16}{64} = \frac{1}{4}$$

a) $\frac{2}{3} \times \frac{4}{6} =$ _____

b) $\frac{3}{8} \times \frac{5}{11} =$ _____

c) $\frac{4}{5} \times \frac{2}{8} =$ _____

d) $\frac{8}{9} \times \frac{7}{3} =$ _____

e) $\frac{6}{7} \times \frac{1}{2} =$ _____

f) $\frac{3}{6} \times \frac{3}{4} =$ _____

4 Resolva as operações em seu caderno. Escreva aqui o resultado como número misto.

a) $3\frac{1}{4} \times 2\frac{1}{3} =$ _____

b) $3\frac{1}{5} \times 2\frac{1}{3} =$ _____

c) $2\frac{1}{7} \times 2\frac{1}{3} =$ _____

d) $2\frac{8}{9} \times 3\frac{2}{5} =$ _____

e) $2\frac{1}{5} \times 2\frac{7}{8} =$ _____

f) $10\frac{1}{7} \times 8\frac{1}{8} =$ _____

g) $1\frac{1}{8} \times 3\frac{1}{4} =$ _____

h) $7\frac{1}{5} \times 2\frac{1}{8} =$ _____

5 Divida as frações observando os exemplos.

$$2 \div \frac{1}{5} = \frac{2}{1} \div \frac{1}{5} = \frac{2}{1} \times \frac{5}{1} = \frac{10}{1} = 10$$

a) $3 \div \frac{4}{7} =$ _____

b) $10 \div \frac{2}{5} =$ _____

c) $5 \div \frac{7}{8} =$ _____

d) $3 \div \frac{8}{9} =$ _____

e) $8 \div \frac{7}{15} =$ _____

f) $9 \div \frac{3}{13} =$ _____

$$\frac{3}{5} \div 3 = \frac{3}{5} \div \frac{3}{1} = \frac{3}{5} \times \frac{1}{3} = \frac{3}{15}$$

g) $\frac{8}{9} \div 5 =$ _____

h) $\frac{7}{8} \div 3 =$ _____

i) $\frac{1}{4} \div 5 =$ _____

j) $\frac{3}{5} \div 5 =$ _____

k) $\frac{7}{15} \div 3 =$ _____

l) $\frac{3}{5} \div 4 =$ _____

m) $\frac{5}{8} \div 2 =$ _____

n) $\frac{4}{7} \div 5 =$ _____

6 Divida as frações observando os exemplos.

$$\frac{2}{2} \div \frac{3}{5} = \frac{2}{2} \times \frac{5}{3} = \frac{10}{6} = \frac{5}{3}$$

a) $\frac{2}{5} \div \frac{3}{8} =$ _____

b) $\frac{3}{5} \div \frac{2}{5} =$ _____

c) $\frac{3}{8} \div \frac{4}{16} =$ _____

d) $\frac{7}{7} \div \frac{2}{7} =$ _____

$$1\frac{1}{5} \div 1\frac{1}{2} = \frac{6}{5} \div \frac{3}{2} = \frac{6}{5} \times \frac{2}{3} = \frac{12}{15} = \frac{4}{5}$$

e) $1\frac{2}{4} \div 1\frac{1}{3} =$ _____

f) $5\frac{1}{2} \div 2\frac{3}{7} =$ _____

PROBLEMAS

1) Numa garrafa cabem $\frac{2}{3}$ de um litro. Quantos litros cabem em 15 garrafas dessas?

Resposta: _____

2) Uma pessoa consome $\frac{1}{4}$ de 1 litro de leite por dia. Quantos litros essa pessoa consome num ano?

Resposta: _____

3) Angélica distribuiu 60 doces entre 5 crianças.

a) Quantos doces ganhou cada criança? _____

b) Que fração do total de doces recebeu cada criança? _____

DESAFIO

1 Sabe-se que ⬡ + ⬢ = $\frac{3}{2}$

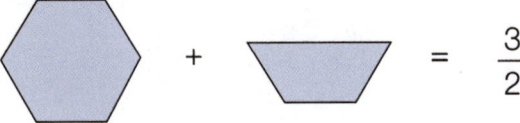

Qual é o valor de ⬢ ? _____

2 Na padaria perto da casa de Rodolfo há pacotes de café de 1 quilo, $\frac{1}{4}$ de quilo e $\frac{1}{2}$ quilo. Sua mãe pediu que ele comprasse $3\frac{1}{4}$ quilos de café.

Escreva três maneiras diferentes que Rodolfo poderá comprar a quantidade de café pedida. Use o símbolo kg para representar quilo.

Veja uma das possibilidades:

1. 3 pacotes de 1 kg + 1 pacote de $\frac{1}{4}$ kg

2. _____

3. _____

4. _____

3 Quantas vezes $\frac{1}{2}$ cabe no número 50?

4 Quantas vezes $\frac{1}{4}$ cabe em 15?

LIÇÃO 13 — ANÁLISE DE CHANCES

Igualmente prováveis

Antes de começar o jogo de futebol, as crianças jogaram uma moeda para o alto.

Cara   Coroa

Um jogador de cada time dava um palpite sobre a face que ia ficar para cima: cara ou coroa.

Eles queriam saber quem começava com a bola e quem ia escolher o lado do campo.

- Quando uma moeda é lançada para o alto, é possível sair quais resultados?
- É mais provável sair qual resultado: cara ou coroa?

> Quando jogamos uma moeda para cima e esperamos para ver qual será o resultado (face que ficará para cima), chamamos a isso de **experimento**.

Quando dois resultados de um experimento têm a mesma chance, dizemos que esses resultados são **igualmente prováveis**.

ATIVIDADES

1 Jussara e Antônio estão brincando de lançar uma moeda para cima duas vezes (uma seguida da outra) e anotar o resultado.

a) Quais são os resultados possíveis dessa brincadeira que eles estão fazendo?
_____

b) Qual resultado tem mais chance de sair?

☐ duas caras ☐ duas coroas ☐ uma cara e uma coroa

2 Considere um dado de seis faces.

a) Quando ele é lançado, é possível sair quais resultados? _____

b) É mais provável sair o 1 ou o 6? _____

c) É mais provável sair o 2 ou o 3? _____

d) É mais provável sair um número ímpar ou um número par?
_____

e) É mais provável sair um número maior que 2 ou menor que 2?
_____

3 Uma caixa de lápis de cor tem 3 lápis amarelos, 5 lápis cor-de-rosa, 5 lápis azuis e 6 lápis verdes.

a) Se for retirado da caixa um lápis de cor ao acaso, é possível que saia lápis de qual cor? _____

b) A chance de sair um lápis amarelo é igual à chance de sair um lápis verde?
_____

4 Uma urna tem fichas com números pares maiores que 10 e menores que 31, e números ímpares menores que 10.

a) Quais são os números dentro dessa urna?
_____

b) A chance de sair um número ímpar é a mesma de sair um número par? Por quê?
_____
_____

5 Uma das maiores palavras da língua portuguesa é:

> HIPOPOTOMONSTROSESQUIPEDALIOFOBIA

Esse é o nome que se dá para o medo irracional de pronunciar palavras grandes ou complicadas.

a) Quais são as letras dessa palavra? _____
_____

b) Se escolhermos uma entre as 33 letras dessa palavra, é mais provável escolher a letra B ou a letra O? _____

6 Veja as flores do canteiro da escola.

a) Quais são as cores das flores desse canteiro? _____
_____

b) Quantas flores há de cada cor? _____
_____

c) Se Alfredo tirar uma flor aleatoriamente desse canteiro, a chance de tirar qualquer uma das cores é a mesma? Por quê?
_____
_____
_____
_____

Probabilidade e fração

Imagine que você tenha em mãos um envelope com 6 fichas coloridas, sendo 5 vermelhas e 1 verde.

Agora, você vai retirar de dentro do envelope, sem olhar, uma dessas fichas.

- Qual cor de ficha você acha que vai retirar do envelope? Por quê?

- Se você repetir o procedimento 10 vezes, quantas chances você terá de retirar fichas vermelhas?

Faça esta experiência.
Reúna-se com seus colegas e peguem lápis ou canetas da seguinte maneira:
- 5 lápis vermelhos
- 1 lápis verde

Coloquem-nos dentro de uma caixa ou de um saco de papel que não seja transparente.

No quadro abaixo, você vai anotar as cores dos objetos retirados.

Retire um objeto de dentro da caixa ou do saco sem olhar.

lápis vermelho										
lápis verde										

Anote a cor que saiu no quadro e devolva-o.
Repita o procedimento 10 vezes.
Agora, responda oralmente:
- Quantos lápis vermelhos podem ser retirados da caixa?
- Quantos lápis verdes há na caixa?
- Qual é a cor que tem mais chance de sair?
- Qual é a que tem menos chance de sair?

Observe pelas cores como se representam as chances por meio de uma fração.

5 lápis vermelhos e 1 lápis verde. Total de lápis: 5 + 1 = 6.

Logo, a chance de retirar um lápis vermelho é de 5 em 6, ou seja: $\frac{5}{6}$.

E a chance de retirar um lápis verde é de 1 em 6, ou seja: $\frac{1}{6}$.

ATIVIDADES

1 Em uma caixa de clipes, há 5 clipes verdes, 10 vermelhos, 3 amarelos e 5 pretos.

Ao retirarmos esses clipes aleatoriamente:

a) Qual é a cor de clipe que tem maior probabilidade de sair? _____

b) Qual é a probabilidade de se retirar um clipe amarelo? _____

c) Qual é a probabilidade de não se retirar um clipe vermelho? _____

d) Qual é a probabilidade de se retirar um clipe preto? _____

e) Quais são as cores de clipe que têm igual probabilidade de sair? _____

2 Um dado tem 6 faces numeradas de 1 a 6. Ao cair no chão após ser jogado para cima:

a) Qual é a probabilidade de cair com a face 1 para cima?

_____

b) E com a face 6 para cima?

_____

c) Todos os números têm igual probabilidade de sair? Por quê?

_____

3 Observe as bolas numeradas que serão colocadas em uma urna para sorteio.

a) Qual é a probabilidade de sair o número 27? _____

b) Qual é a probabilidade de ser sorteado um número par? _____

c) Qual é a probabilidade de ser sorteado um número ímpar? _____

d) Qual é a probabilidade de ser sorteado um número menor do que 11? _____

e) Qual é a probabilidade de ser sorteado um número maior do que 40? _____

f) Qual é a probabilidade de sair um número com o algarismo 7 na ordem das unidades? _____

g) Qual é a probabilidade de sair um número que tenha o algarismo 1 na ordem das dezenas? _____

4 Júlia está brincando de jogar dois dados e somar os números sorteados.

a) Anote, na tabela abaixo, os resultados possíveis para essa brincadeira.

+	1	2	3	4	5	6
1						
2						
3						
4						
5						
6						

b) Qual é a probabilidade de o resultado ser um número ímpar? E de ser um número par? _____

c) Qual é a probabilidade de o resultado ser maior que 7? _____

d) Qual é a probabilidade de o resultado ser igual a 12? _____

e) Qual é a probabilidade de o resultado ser igual a 5? _____

f) A probabilidade de o resultado ser 8 é igual à probabilidade de qual outro resultado? _____

5 Samara, que é irmã de Júlia, também resolveu brincar de jogar dados, mas em vez de somar os números sorteados, ela os multiplicou.

a) Anote na tabela os resultados possíveis para essa brincadeira.

×	1	2	3	4	5	6
1						
2						
3						
4						
5						
6						

b) Qual é a probabilidade de o resultado ser ímpar? _____

c) Qual é a probabilidade de o resultado ser menor que 2 ou maior do que 30? _____

d) A probabilidade de o resultado ser 6 é igual à probabilidade de o resultado ser 20? _____

e) Qual é o resultado que tem maior probabilidade de sair? _____

14 POLIEDROS

Observe estes sólidos geométricos.

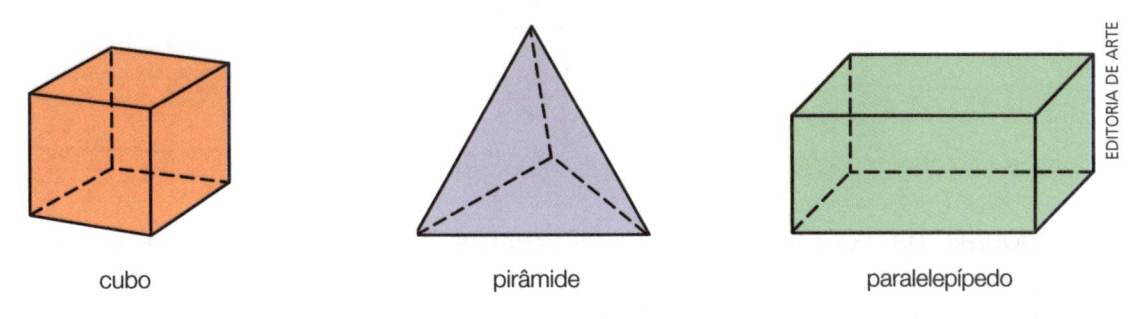

cubo   pirâmide   paralelepípedo

Os sólidos geométricos formados por superfícies planas são chamados de **poliedros**.

Os poliedros têm faces, arestas e vértices.

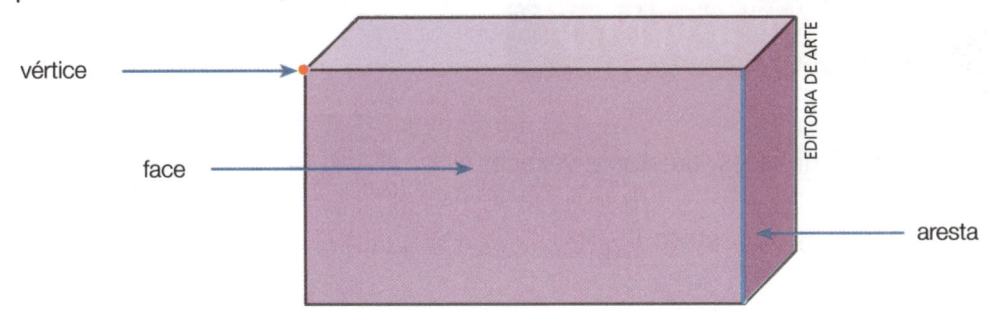

vértice

face

aresta

Agora, observe: apoiando cada face de um poliedro numa folha de papel e contornando com lápis, você desenhará um **polígono**.

polígono

Observe: esta caixa de sapatos tem a forma de um **paralelepípedo**.

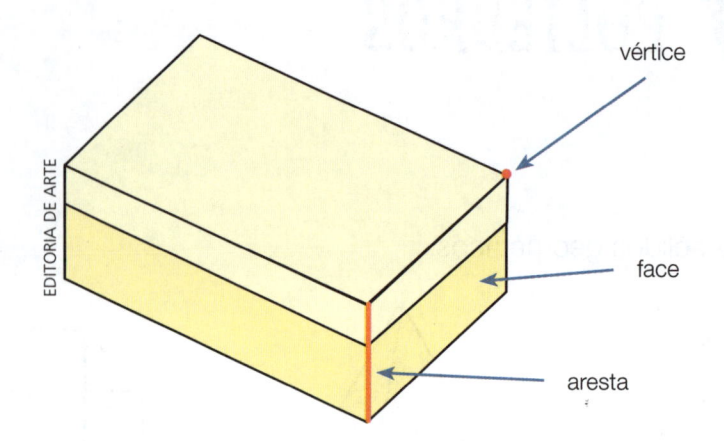

vértice

face

aresta

As "dobras" da caixa correspondem às **arestas**. Três dessas dobras se encontram em um ponto que representa um **vértice** da caixa. A parte de cima da tampa, o fundo e os lados da caixa são as **faces**. Cada face é formada por 4 arestas.

Essa caixa tem 6 faces, 12 arestas e 8 vértices.

PARA SE DIVERTIR

Vamos descobrir faces, arestas e vértices?

1. Pegue 12 palitos de fósforo.

2. Faça 8 bolinhas de massinha de modelar.

3. Com os palitos unidos pelas massinhas, construa o modelo mostrado na ilustração ao lado e responda:

- O modelo construído lembra uma figura que tem quantas faces, arestas e vértices?

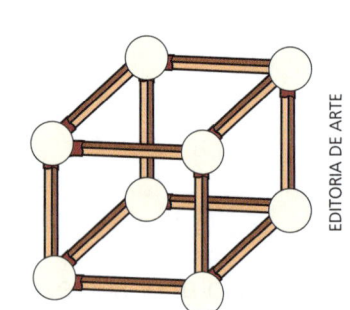

  _____

- Qual a estrutura que você construiu? _____

ATIVIDADES

1 Que forma lembra a figura do dado?

_____

Quantas faces, arestas e vértices tem a figura geométrica que lembra esse dado?

_____

2 Complete as tabelas com as informações correspondentes.

REPRESENTAÇÃO	NOME	Nº DE VÉRTICES	Nº DE FACES	Nº DE ARESTAS	POLÍGONOS FORMADOS PELAS FACES

- Observe os polígonos da base dos prismas e o número de faces e vértices. O que você percebeu?

REPRESENTAÇÃO	NOME	Nº DE VÉRTICES	Nº DE FACES	Nº DE ARESTAS	POLÍGONOS FORMADOS PELAS FACES

- Agora observe as pirâmides. O que você percebeu em relação ao número de vértices e ao número de faces? Qual polígono está presente na face de todas as pirâmides?

DESAFIO

Complete o quadro observando as figuras numeradas.

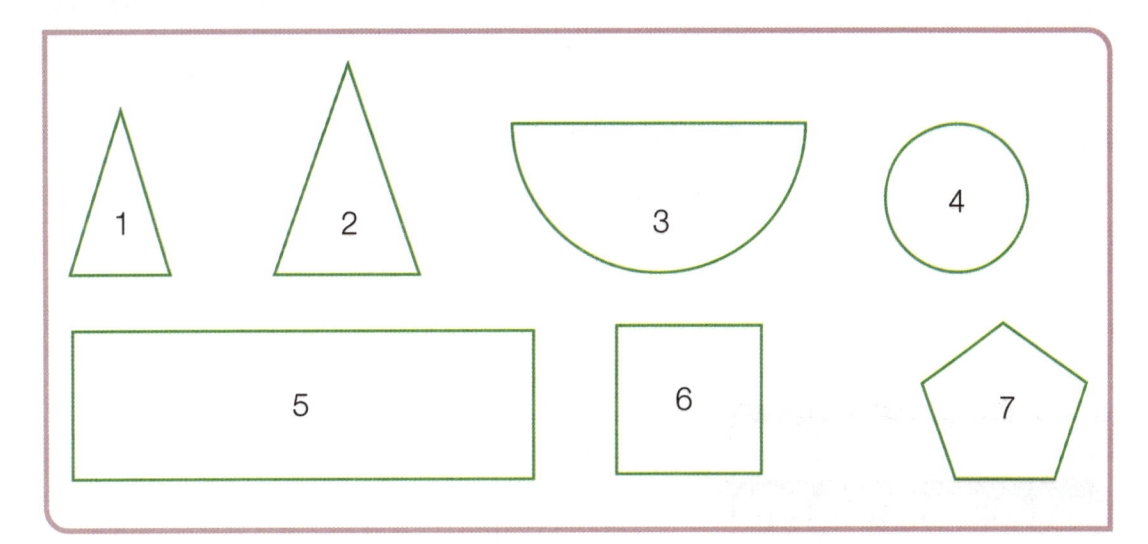

	DESENHO	FIGURAS NECESSÁRIAS	NOME DO POLÍGONO
a)	(pirâmide)	4 figuras nº 2 1 figura nº 6	
b)			Cone
c)			Cilindro
d)		1 figura nº 7 5 figuras nº 1	

LIÇÃO 15 — NÚMEROS DECIMAIS

Representação fracionária e decimal

Os números representados nas formas fracionária e decimal são chamados de **números racionais**.

As frações que têm denominador 10, 100, 1 000 etc. são chamadas de **frações decimais**.

Preste atenção nas barras.

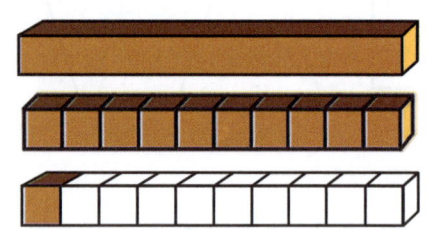

Uma barra.

A mesma barra dividida em 10 partes iguais.

Uma parte colorida da barra, ou seja, **um décimo** da barra ou $\frac{1}{10}$.

$\frac{1}{10} = 0,1 \rightarrow$ lê-se **um décimo**

UNIDADES	DÉCIMOS
0,	1

O décimo ocupa a primeira ordem decimal depois da vírgula.

Veja como podemos representar a adição de todas as partes.

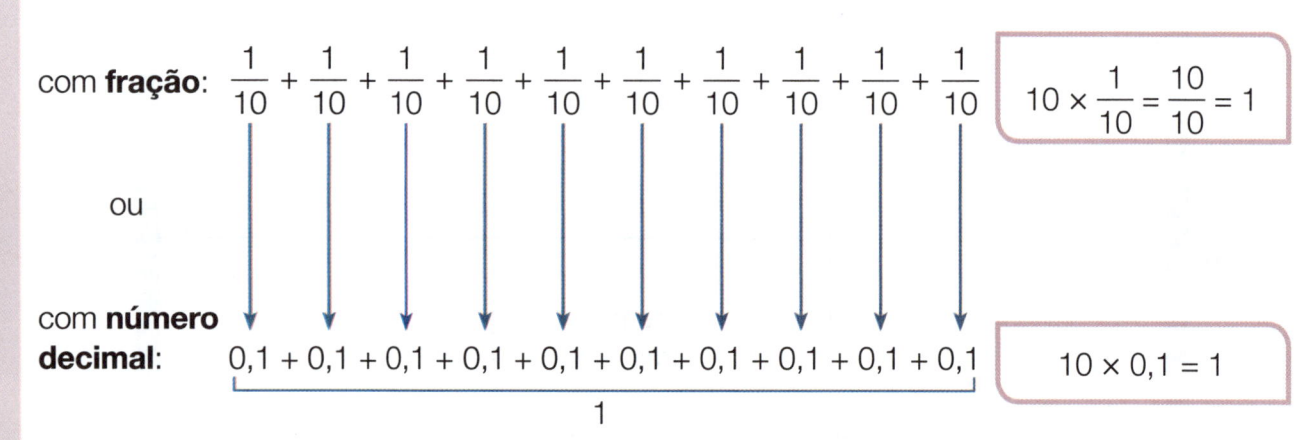

com **fração**: $\frac{1}{10} + \frac{1}{10} + \frac{1}{10} + \frac{1}{10} + \frac{1}{10} + \frac{1}{10} + \frac{1}{10} + \frac{1}{10} + \frac{1}{10} + \frac{1}{10}$ $10 \times \frac{1}{10} = \frac{10}{10} = 1$

ou

com **número decimal**: $0,1 + 0,1 + 0,1 + 0,1 + 0,1 + 0,1 + 0,1 + 0,1 + 0,1 + 0,1$ $10 \times 0,1 = 1$

1

Agora, observe uma placa quadrada dividida em 100 partes iguais.

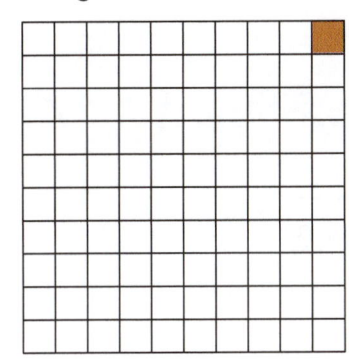

Cada parte destacada corresponde a **1 centésimo** do todo ou $\frac{1}{100}$.

100 centésimos formam 1 inteiro.

1 centésimo

$\frac{1}{100} = 0,01 \rightarrow$ lê-se **um centésimo**

UNIDADES	DÉCIMOS	CENTÉSIMOS
0,	0	1

O centésimo ocupa a segunda ordem decimal depois da vírgula.

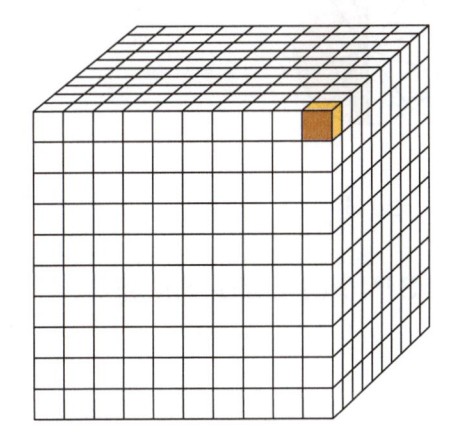

E se um cubo fosse dividido em 1 000 partes iguais?

Cada parte destacada corresponde a 1 milésimo do todo.

1 milésimo

$\frac{1}{1\,000} = 0,001 \rightarrow$ lê-se **um milésimo**

UNIDADES	DÉCIMOS	CENTÉSIMOS	MILÉSIMOS
0,	0	0	1

O milésimo ocupa a terceira ordem decimal depois da vírgula.

Observe.

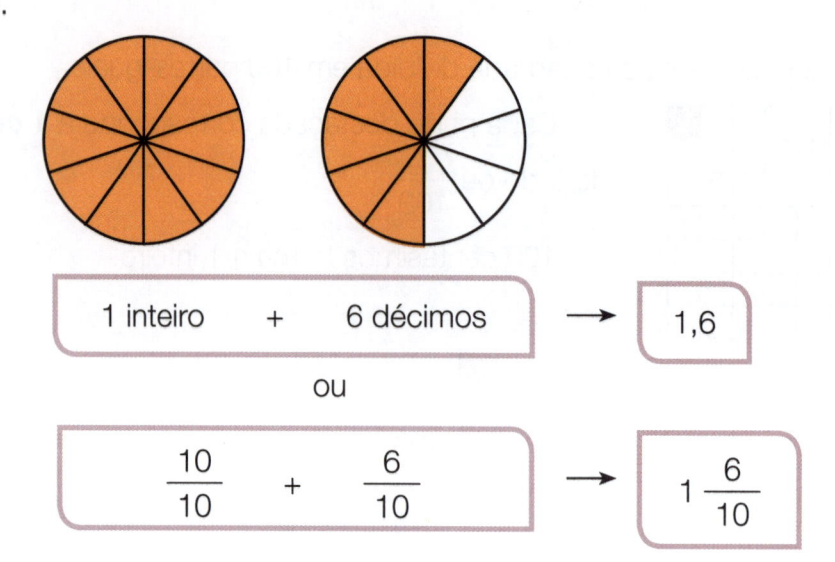

$$1 \text{ inteiro} + 6 \text{ décimos} \rightarrow 1,6$$

ou

$$\frac{10}{10} + \frac{6}{10} \rightarrow 1\frac{6}{10}$$

A vírgula separa a parte **inteira** da parte **decimal**.

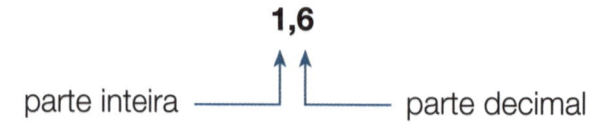

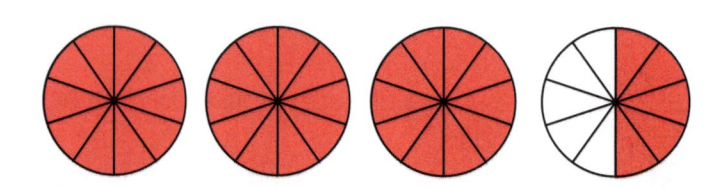

1,6

parte inteira ⬈⬉ parte decimal

$$\frac{10}{10} + \frac{10}{10} + \frac{10}{10} + \frac{5}{10} = \frac{35}{10} \text{ ou } 3\frac{5}{10}$$

$$1,0 + 1,0 + 1,0 + 0,5 = 3,5 \text{ (3 inteiros e 5 décimos)}$$

Veja este exemplo:

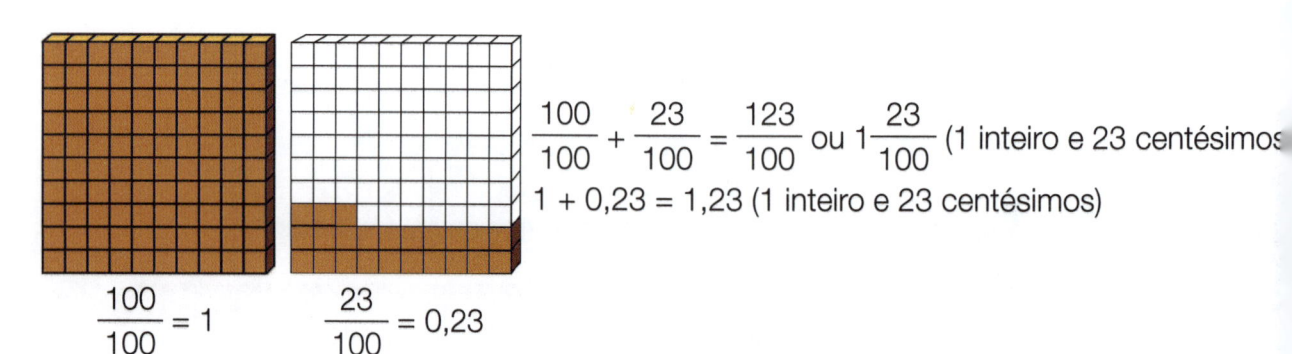

$$\frac{100}{100} + \frac{23}{100} = \frac{123}{100} \text{ ou } 1\frac{23}{100} \text{ (1 inteiro e 23 centésimos)}$$

$$1 + 0,23 = 1,23 \text{ (1 inteiro e 23 centésimos)}$$

$$\frac{100}{100} = 1 \qquad \frac{23}{100} = 0,23$$

A vírgula separa a parte inteira da parte decimal.

1,23

parte inteira ——— parte decimal

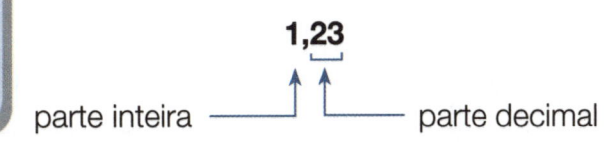

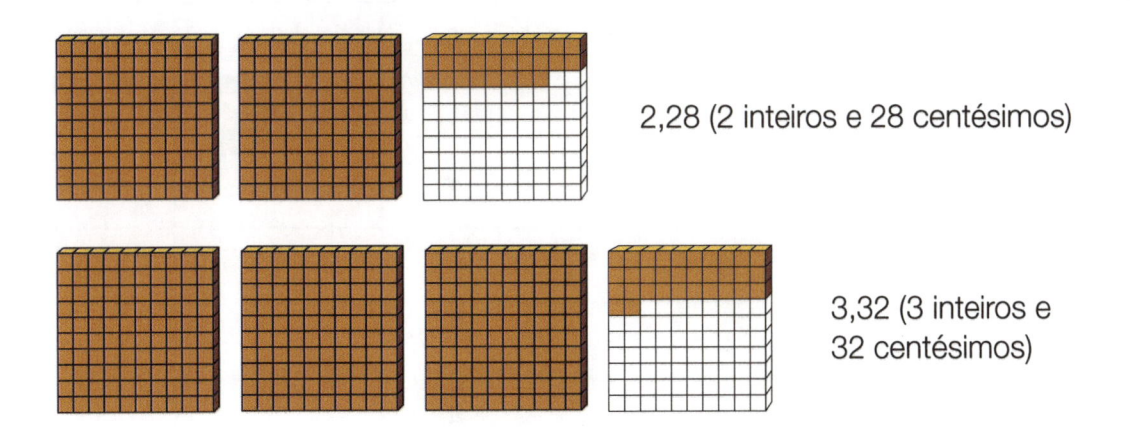

2,28 (2 inteiros e 28 centésimos)

3,32 (3 inteiros e 32 centésimos)

Observe os exemplos.

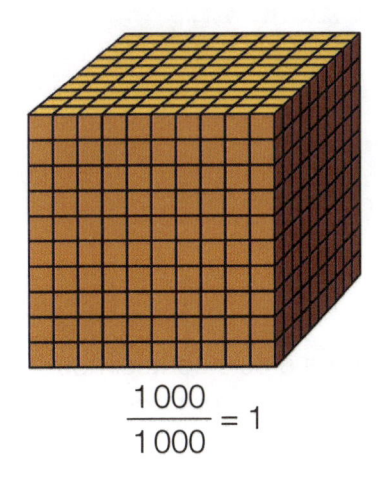

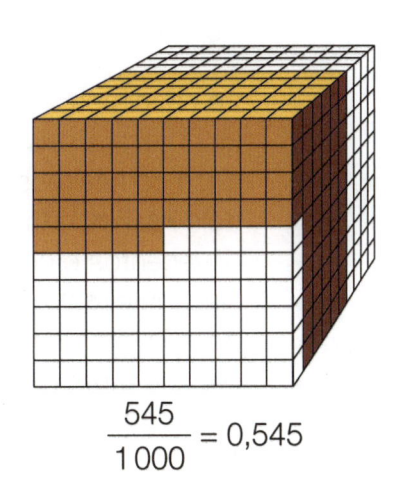

$\dfrac{1\,000}{1\,000} = 1$

$\dfrac{545}{1\,000} = 0,545$

$\dfrac{1\,000}{1\,000} + \dfrac{545}{1\,000} = \dfrac{1\,545}{1\,000}$ ou $1\dfrac{545}{1\,000}$ (1 inteiro e 545 milésimos)

1 + 0,545 = 1,545 (1 inteiro e 545 milésimos)

1,545

parte inteira ——— parte decimal

Vamos fazer a leitura dos números do quadro abaixo.

CENTENAS	DEZENAS	UNIDADES	,	DÉCIMOS	CENTÉSIMOS	MILÉSIMOS
		0	,	3		
		1	,	6		
		0	,	1	2	
		2	,	3	7	
		0	,	9	9	9
		5				
	1	2	,	4		
1	3	8	,	3	6	

0,3 ⟶ três décimos
1,6 ⟶ um inteiro e seis décimos
0,12 ⟶ doze centésimos
2,37 ⟶ dois inteiros e trinta e sete centésimos
0,999 ⟶ novecentos e noventa e nove milésimos
5 ⟶ cinco inteiros
12,4 ⟶ doze inteiros e quatro décimos
138,36 ⟶ cento e trinta e oito inteiros e trinta e seis centésimos

Observando a representação no quadro de ordens e a leitura dos números decimais, podemos destacar que os números naturais podem ser escritos como decimais, colocando a vírgula e os zeros nas ordens decimais.

- 5 = 5,0 = 5,00 = 5,000   pois $\frac{5}{1} = \frac{50}{10} = \frac{500}{100} = \frac{5\,000}{1\,000}$

- 12 = 12,0 = 12,00 = 12,000   pois $\frac{12}{1} = \frac{120}{10} = \frac{1\,200}{100} = \frac{12\,000}{1\,000}$

> Zeros colocados à direita da última ordem decimal não alteram o valor absoluto do número.

Comparação de números decimais

Como podemos saber se um número decimal é maior, menor ou igual a outro?

Acompanhe os exemplos:

- 9,2 ? 8,2

    9,2 tem mais inteiros que 8,2, então, 9,2 > 8,2.

- 5,4 ? 5,7

    Os dois têm 5 inteiros. Vamos comparar os décimos.
    4 décimos é menor que 7 décimos, então, 5,4 < 5,7.

- 4,92 ? 4,91

    Os dois têm 4 inteiros. Vamos comparar os décimos.
    Os dois têm 9 décimos. Vamos comparar os centésimos.
    2 centésimos é maior que 1 centésimo, então, 4,92 > 4,91.

Podemos concluir que:

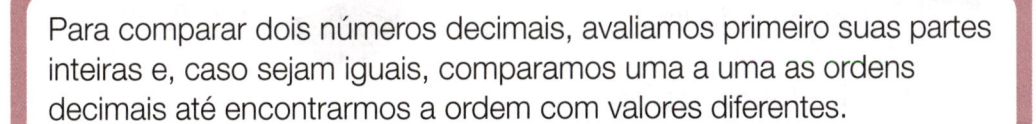

> Para comparar dois números decimais, avaliamos primeiro suas partes inteiras e, caso sejam iguais, comparamos uma a uma as ordens decimais até encontrarmos a ordem com valores diferentes.

Relação entre décimo e dezena, centésimo e centena

Unidades de milhar	Centenas	Dezenas	Unidades	Décimos	Centésimos	Milésimos
1	0	0	0			
	1	0	0			
		1	0			
			1			
			0,	1		
			0,	0	1	
			0,	0	0	1

parte inteira ← → parte decimal

> **Décimo** é 10 vezes menor que a unidade.
> **Dezena** é 10 vezes maior que a unidade.
> **Centésimo** é 100 vezes menor que a unidade.
> **Centena** é 100 vezes maior que a unidade.
> **Milésimo** é 1 000 vezes menor que a unidade.
> **Unidade de milhar** é 1 000 vezes maior que a unidade.

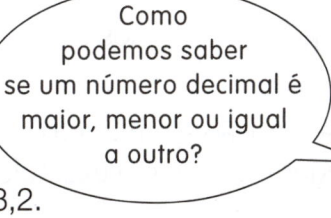

ATIVIDADES

1 Escreva a fração e o número decimal correspondente ao que está indicado em cada figura. Observe o exemplo.

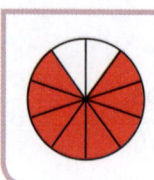

fração: $\frac{8}{10}$ número decimal: 0,8

a) 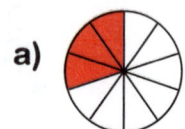 fração: _____ número decimal: _____

c) fração: _____ número decimal: _____

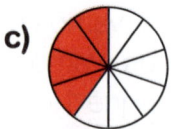

b) fração: _____ número decimal: _____

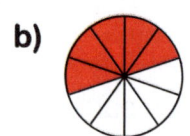

d) 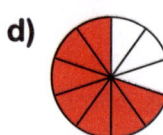 fração: _____ número decimal: _____

2 Represente sob a forma decimal.

a) 38 décimos _____
b) 8 décimos _____
c) 6 décimos _____
d) 45 décimos _____
e) 63 décimos _____
f) 78 décimos _____

3 Observe o exemplo.

$\frac{25}{10}$ = 2,5 → dois inteiros e cinco décimos

Agora, faça o mesmo.

a) $\frac{18}{10}$ _____

b) $\frac{34}{10}$ _____

c) $\frac{47}{10}$ _____

d) $\frac{66}{10}$ _____

e) $\frac{51}{10}$ _____

4 Considere que uma barra vale 1.  → 1
Escreva os números representados nestas figuras, e também a sua leitura.

a) _____

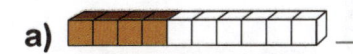

b) _____

c) _____

5 Considere agora que uma placa vale 1.

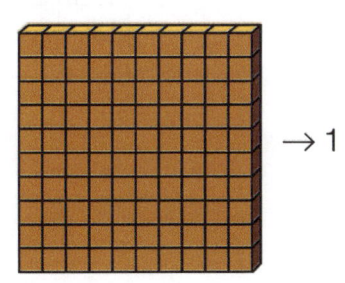

→ 1

Escreva os valores que estão representados pela parte colorida nestas figuras, e também a sua leitura.

a) 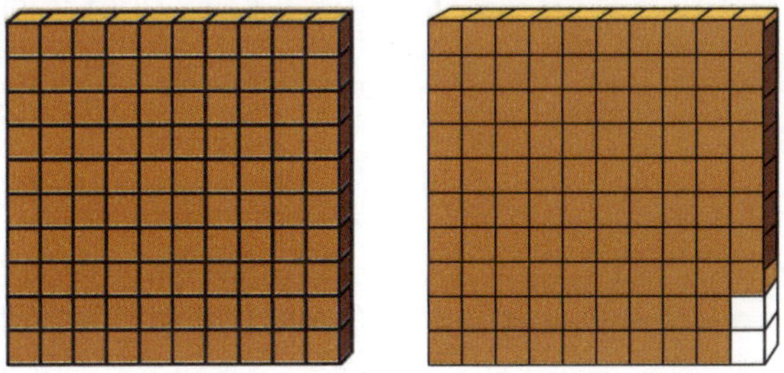 1
_____

_____

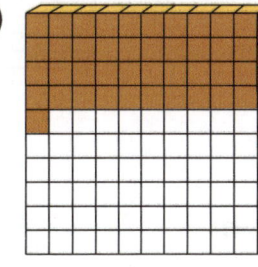

b) _____

_____

c) _____

_____

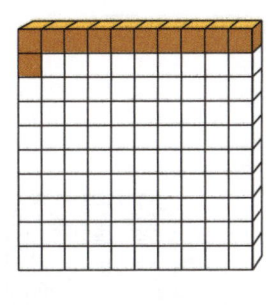

d) _____

_____

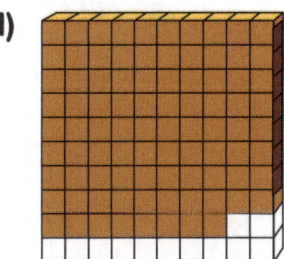

6 Considere agora que o cubo vale 1.

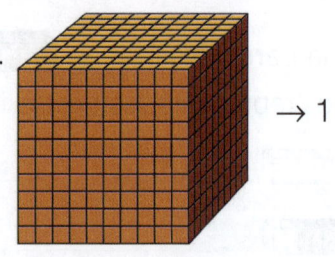

→ 1

Escreva os números representados pela parte colorida, e também a sua leitura.

a) _____

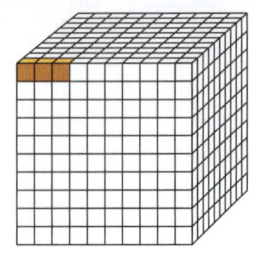

_____

b) _____

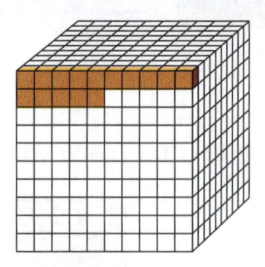

_____

7 Nestas figuras, pinte as partes para representar as seguintes frações:

a) $\dfrac{85}{100}$

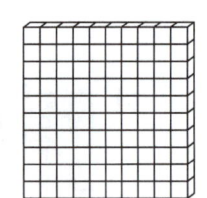

b) $1\dfrac{5}{10}$

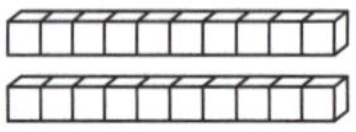

c) $\dfrac{10}{1\,000}$

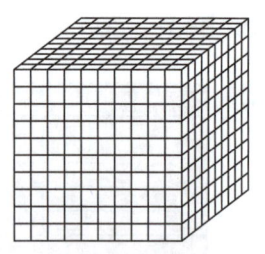

d) $2\dfrac{3}{10}$

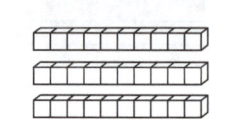

8 Nestas figuras, pinte as partes para representar os seguintes números decimais.

a) 0,15

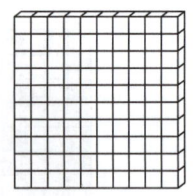

b) 1,70

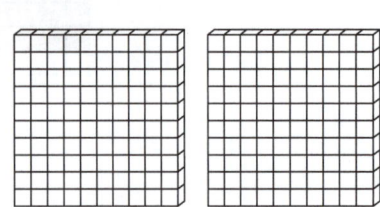

c) 0,3

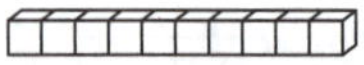

d) 0,100

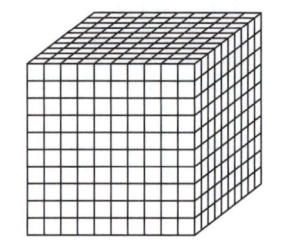

9 Coloque os seguintes números no quadro de ordens.

C	D	U	,	décimo	centésimo	milésimo

a) 3,75

b) 0,821

c) 8,17

d) 21,403

e) 30,001

f) 128,09

10 Escreva a representação decimal e a fração decimal.

a) 5 décimos _____

b) 1 inteiro e 235 milésimos _____

c) 42 milésimos _____

d) 3 centésimos _____

e) 4 inteiros e 86 centésimos _____

11 Compare os números decimais e coloque corretamente os sinais >, <, =.

a) 0,8 _____ 0,18

b) 1,4 _____ 1,2

c) 3,7 _____ 3,75

d) 21,2 _____ 2,12

e) 2,01 _____ 2,010

f) 0,05 _____ 0,50

g) 0,02 _____ 0,0021

h) 1,05 _____ 1,050

12 Complete as sequências com os números que estão faltando.

a) 0 0,1 0,2 ____ 0,4 ____ ____

b) 7,34 ____ 7,36 7,37 ____ ____

c) 625 62,5 ____ 0,625

13 Escreva a leitura dos seguintes números decimais.

a) 3,45 _____

b) 34,5 _____

c) 0,345 _____

14 Coloque em ordem crescente.

> 1,3   1,03   1,303   0,13   1,33

_____

15 Diga se as afirmações são verdadeiras (V) ou falsas (F).

a) 11,50 = 11,050   (_____)   d) 10,005 > 10,009   (_____)

b) 10,07 = 10,070   (_____)   e) 0,005 > 0,00099   (_____)

c) 5,07 < 5,071   (_____)   f) 0,999 < 1,000   (_____)

16 Escreva como se lê.

a) 2,44 _____

b) 0,36 _____

c) 0,08 _____

d) 6,27 _____

e) 0,85 _____

f) 0,91 _____

17 Represente sob a forma de número decimal.

a) 34 centésimos _____   e) 2 inteiros e 43 centésimos _____

b) 56 centésimos _____   f) 4 inteiros e 18 centésimos _____

c) 9 centésimos _____   g) 6 inteiros e 45 centésimos _____

d) 3 centésimos _____   h) 2 inteiros e 4 décimos _____

DESAFIO

Complete a tabela.

FRAÇÃO DECIMAL	NÚMERO DECIMAL	LEITURA
$\frac{75}{1000}$		
$\frac{8}{1000}$		
$\frac{137}{1000}$		
	0,002	
	0,084	
	0,525	
	0,250	
	0,005	

EU GOSTO DE APRENDER MAIS

1 Leia o problema.

> A família Silva foi a um restaurante de comida por quilo. A mãe comeu 463 g; o pai, 737 g; e o filho, um pouco menos que o pai, porém mais do que a mãe. Nesse restaurante cada 100 g custam R$ 2,30. Quanto a família pagou pela refeição dos três?

Um aluno do 5º ano leu esse problema e comentou:

> Esse problema tem muitas soluções porque não podemos dizer com certeza quantos gramas pesou a comida do filho. O peso da comida dele pode ser qualquer valor entre 463 e 737.

- Você concorda com a opinião desse aluno? Explique.

a) Sabendo que cada 100 gramas custam R$ 2,30, calcule o preço a ser pago apenas pela refeição do pai e da mãe.

b) Qual das alternativas abaixo corresponde ao valor aproximado da soma das três refeições da família?

I) R$ 27,60   II) R$ 39,10   III) R$ 46,00

2 Elabore no caderno um problema parecido com a situação anterior, de modo que ele tenha mais de uma solução.

Troque o problema que você elaborou com o de um colega. Verifique qual é a informação que permite o problema ter várias soluções.

LIÇÃO 16
OPERAÇÕES COM NÚMEROS DECIMAIS

Adição e subtração

A professora Eni escreveu na lousa duas operações com números decimais.

Veja como Paulo pensou e registrou as respostas das operações.

0,7 + 0,2 = 0,9 ou

```
  0,7
+ 0,2
-----
  0,9
```

0,7 − 0,2 = 0,5 ou

```
  0,7
− 0,2
-----
  0,5
```

Agora, veja como a professora Eni fez estas outras adições e subtrações.

a) 0,8 + 0,4 = 1,2

```
  0,8     →  oito décimos
+ 0,4     →  quatro décimos
-----
  1,2     →  um inteiro e dois décimos
```

b) 1,26 + 0,39 = 1,65

    1,26 → um inteiro e vinte e seis centésimos
  + 0,39 → trinta e nove centésimos
    1,65 → um inteiro e sessenta e cinco centésimos

U: unidade
d: décimos
c: centésimos
m: milésimos

c) 1,77 − 0,95 = 0,82

    1,77 → um inteiro e setenta e sete centésimos
  − 0,95 → noventa e cinco centésimos
    0,82 → oitenta e dois centésimos

Observe como se faz a subtração dos números decimais no quadro de ordens.

- 2,5 − 0,534

Como não posso subtrair 4 de 0, nem 3 de 0, preciso desagrupar o 2 da seguinte forma:

U	d	c	m
¹2̷,	¹5	0	0
0,	5	3	4

2 inteiros = 20 décimos ou
2 inteiros = 10 décimos + 10 décimos
2 inteiros = 1 inteiro + 10 décimos
Adiciono: 10 d + 5 d = 15 d

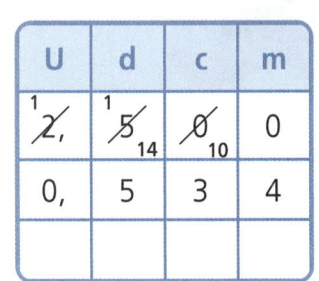

U	d	c	m
¹2̷,	¹5̷₁₄	0̷₁₀	0
0,	5	3	4

15 décimos = 150 centésimos
15 décimos = 140 centésimos + 10 centésimos
15 décimos = 14 décimos + 10 centésimos
Adiciono: 10 c + 0 c = 10 c

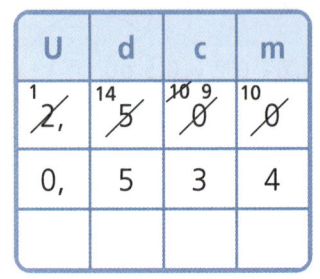

U	d	c	m
¹2̷,	¹⁴5̷	¹⁰9̷	¹⁰0̷
0,	5	3	4

10 centésimos = 100 milésimos
10 centésimos = 90 milésimos + 10 milésimos
10 centésimos = 9 centésimos + 10 milésimos
Adiciono: 10 m + 0 m = 10 m

Agora, efetuo a operação:

  ¹2̷, ¹⁴5̷ ¹⁰9̷ ¹⁰0̷
  0, 5 3 4
  ―――――――
  1, 9 6 6

> Na adição e na subtração, vírgula fica embaixo de vírgula.
> Nessas operações devemos completar com zero a ordem decimal do número, quando for necessário.
> A operação é feita, ordem a ordem, tanto na parte decimal como na parte inteira.

ATIVIDADES

1 Efetue as operações.

a) 0,423 + 0,019

b) 3,20 + 2,64

c) 0,65 + 0,98

d) 0,589 + 0,397

e) 2,360 + 16,430

f) 175,3 + 32,8 + 6,4

g) 1,37 − 0,82

h) 142,08 − 36,25

i) 45,50 − 28,09

j) 0,943 − 0,521

k) 135,6 − 47,8

l) 3,432 − 0,758

2 Arme e efetue as adições.

a) 0,5 + 0,23 + 0,678

b) 0,008 + 6 + 3,4

c) 6,433 + 23,15

d) 12,4 + 0,69 + 8

e) 2,231 + 0,009 + 3,572

f) 45 + 0,006 + 1,75

g) 162,3 + 115,8 + 0,4

h) 2,866 + 3,35 + 0,1

PROBLEMAS

1 Carina gastou 0,25 de um tablete de margarina em um dia e 0,53 no outro dia. Quanto gastou do tablete nos dois dias?

Resposta: _____

2 Para preparar sanduíches, mamãe gastou 0,186 quilograma de queijo em um dia; 0,28 quilograma no outro dia e 0,40 quilograma no outro. Quanto de queijo mamãe gastou nos três dias para preparar os sanduíches?

Resposta: _____

3 Isabel precisa de 6,48 metros de renda, mas só tem 4,75 metros. Quantos metros faltam?

Resposta: _____

4 Papai comprou 47,55 metros de arame para fazer uma cerca. Gastou 30,85 metros. Quantos metros de arame ainda restam?

Resposta: _____

5 Marina comprou uma blusa por R$ 36,80 e pagou com uma cédula de R$ 50,00. Quanto ela recebeu de troco?

Resposta: _____

Multiplicação

Observe estas multiplicações.

a) 0,12 × 3

$$\begin{array}{r} 0{,}12 \\ 0{,}12 \\ +\,0{,}12 \\ \hline 0{,}36 \end{array} \quad \text{ou} \quad \begin{array}{r} 0{,}12 \\ \times\;\;\;3 \\ \hline 0{,}36 \end{array}$$

- 0,12 ← 2 ordens decimais
- 3 ← 0 ordem decimal
- 0,36 ← 2 ordens decimais

b) 0,12 × 0,3

$$\frac{12}{100} \times \frac{3}{10} = \frac{36}{1\,000} = 0{,}036 \quad \text{ou} \quad \begin{array}{r} 0{,}12 \\ \times\;\;0{,}3 \\ \hline 0{,}036 \end{array}$$

- 0,12 ← 2 casas decimais
- × 0,3 ← 1 casa decimal
- 0,036 ← 3 casas decimais

c) 0,12 × 0,51

$$\frac{12}{100} \times \frac{51}{100} = 0{,}12 \times 0{,}51 = 0{,}0612 \quad \text{ou} \quad \begin{array}{r} 0{,}12 \\ \times\;\,0{,}51 \\ \hline 012 \\ +\;\;60\;\; \\ \hline 0{,}0612 \end{array}$$

- 0,12 ← 2 casas decimais
- × 0,51 ← 2 casas decimais
- 0,0612 ← 4 casas decimais

Pelos exemplos dados, podemos escrever uma regra para a multiplicação que envolve números decimais.

> A ordem decimal também pode ser chamada de **casa decimal**.

> Para multiplicar números decimais, efetuamos a operação como se fossem números inteiros e no produto colocamos a vírgula, considerando o total de casas decimais dos fatores.

Vamos agora resolver o seguinte problema:

- Carina tem um tablete de margarina de 200 gramas. Quantos gramas há em 0,25 desse tablete?

Solução 1

$$0{,}25 = \frac{25}{100} = \frac{1}{4}$$

$$\frac{1}{4} \text{ de } 200 \text{ g} = \frac{1}{4} \times 200$$

$$\frac{1}{4} \times 200 = \frac{200 \times 1}{4} = \frac{200}{4} = 50 \text{ g}$$

Solução 2

$$0{,}25 \times 200 \text{ g} = 50 \text{ g}$$

$$\begin{array}{r} 0{,}25 \\ \times\;\;200 \\ \hline 50{,}00 \end{array}$$

ATIVIDADES

1 Efetue as multiplicações.

a) 4,6 × 0,3

b) 61,43 × 12

c) 7,85 × 5

d) 0,895 × 5

e) 18,34 × 3,2

f) 21,2 × 0,5

g) 2,49 × 4

h) 16,48 × 7

i) 13,12 × 0,7

2 Carina precisa de 0,30 do tablete de margarina para fazer uma receita de rosquinhas. Quanto do tablete será necessário para fazer 3 receitas?

Divisão

Observe estas divisões.

| 2,4 ÷ 0,8 | 6 ÷ 0,3 | 4,5 ÷ 0,25 | 0,63 ÷ 0,126 |

```
2,4 | 0,8        6,0 | 0,3        4,50 | 0,25       0,630 | 0,126
 0    3          00    20         2 00   18          000     5
                                   00
```

Com base nesses exemplos, é possível afirmar:

> Para dividir números decimais, igualamos o número de ordens decimais do dividendo e do divisor, eliminamos as vírgulas e efetuamos a divisão como se fossem números naturais.

Divisão com aproximação decimal

As divisões em que sobra resto podem ser aproximadas até décimos, centésimos ou milésimos.

Observe:

7 ÷ 2

```
  7,0 | 2
-  6  | 3,5
  ---
   10
-  10
  ---
    0
```

17 ÷ 8

```
 17 | 8       17 | 8        17 | 8
 10 | 2,1     10 | 2,12     10 | 2,125
  2           20            20
              4             40
                             0
```

Acompanhe situações em que o dividendo é menor que o divisor.

2 ÷ 5

```
  20 | 5
- 20 | 0,4
  ---
   0
```

4 ÷ 8

```
  40 | 8
- 40 | 0,5
  ---
   0
```

Quando o dividendo é menor que o divisor, colocamos zero e vírgula no quociente e zero à direita do dividendo. Em seguida, efetuamos normalmente a divisão.

Para multiplicar um número decimal por 10, 100 ou 1000, deslocamos a vírgula uma, duas ou três ordens decimais para a direita. Para dividir, deslocamos a vírgula uma, duas ou três ordens decimais para a esquerda.

6,5 × 10 = 65	6,5 ÷ 10 = 0,65
6,55 × 10 = 65,5	6,55 ÷ 10 = 0,655
65,5 × 10 = 655	65,5 ÷ 10 = 6,55
0,65 × 10 = 6,5	0,65 ÷ 10 = 0,065
4,2 × 100 = 420	4,2 ÷ 100 = 0,042
4,28 × 100 = 428	4,28 ÷ 100 = 0,0428
42,8 × 100 = 4 280	42,8 ÷ 100 = 0,428
0,428 × 100 = 42,8	0,428 ÷ 100 = 0,00428
3,7 × 1 000 = 3 700	3,7 ÷ 1 000 = 0,0037
3,77 × 1 000 = 3 770	3,77 ÷ 1 000 = 0,00377
37,7 × 1 000 = 37 700	37,7 ÷ 1 000 = 0,0377
0,3 × 1 000 = 300	0,3 ÷ 1 000 = 0,0003

ATIVIDADES

1 Efetue as multiplicações.

a) 8,2 × 14

b) 4,6 × 2,5

c) 0,5 × 0,3

d) 0,7 × 0,6

e) 32,14 × 1,54

f) 0,453 × 12

g) 7,48 × 3,4

h) 50,6 × 2,6

i) 0,42 × 0,24

j) 1 300 × 0,06

k) 8,6 × 18

l) 0,017 × 0,9

2 Efetue as divisões em seu caderno.

a) 8,85 ÷ 2,5

b) 68,4 ÷ 0,2

c) 1,5 ÷ 0,375

d) 6,000 ÷ 0,075

e) 0,816 ÷ 0,17

f) 146,65 ÷ 3,5

g) 144 ÷ 1,2

h) 0,285 ÷ 95

i) 18,33 ÷ 3,9

j) 6,25 ÷ 2,5

k) 4,35 ÷ 0,005

l) 7,5 ÷ 0,12

3 Ache o quociente de:

a) 3,75 ÷ 0,15

b) 12,4 ÷ 2

c) 37,12 ÷ 5,8

d) 0,084 ÷ 2,8

e) 0,60 ÷ 0,12

f) 4,2 ÷ 2

g) 9,72 ÷ 3

h) 1,306 ÷ 0,16

i) 5 ÷ 8

4 Resolva mentalmente as seguintes multiplicações e escreva o resultado.

a) 2,15 × 10 _____

b) 0,7 × 10 _____

c) 0,84 × 10 _____

d) 6,142 × 10 _____

e) 38,369 × 10 _____

f) 0,9 × 100 _____

g) 9,837 × 100 _____

h) 2,810 × 100 _____

i) 7,530 × 100 _____

j) 17,80 × 100 _____

k) 6,69 × 1 000 _____

l) 0,347 × 1 000 _____

m) 19,3 × 1 000 _____

n) 34,286 × 1 000 _____

5 Calcule mentalmente e registre o quociente.

a) 15 ÷ 10 _____

b) 17,5 ÷ 10 _____

c) 262,4 ÷ 10 _____

d) 9,6 ÷ 10 _____

e) 54,31 ÷ 10 _____

f) 53,3 ÷ 100 _____

g) 7 189 ÷ 100 _____

h) 345,6 ÷ 100 _____

i) 15,4 ÷ 1 000 _____

j) 228 ÷ 1 000 _____

6 Escreva nas linhas da primeira coluna o símbolo >, < ou =. Depois, circule a letra na coluna correspondente e descubra uma palavra que indica como é este exercício.

	>	<	=
33,07 − 31,07 ____ 1,06 + 0,04	F	K	T
0,03 + 1,97 ____ 98,33 − 96,33	J	H	A
10,01 − 0,01 ____ 11,01 − 0,11	S	C	G
4,99 + 1,11 ____ 5,89 + 0,12	I	N	O
0,09 + 0,01 ____ 1,11 − 1,01	A	E	L

PROBLEMAS

1 Em uma escola há 3 500 alunos, dos quais 0,6 são meninas e o restante, meninos. Quantos são os meninos?

Resposta: _____

2 Comi 0,4 de um bolo e o resto reparti igualmente entre meus 5 irmãos. Que parte do bolo cada um comeu?

Resposta: _____

3 Dividimos uma peça de 48 metros de plástico em partes de 2,4 metros cada. Quantas partes foram obtidas?

Resposta: _____

4 Um automóvel percorreu 0,35 de uma estrada. Sabendo que a parte percorrida corresponde a 70 quilômetros, quanto mede a estrada toda?

Resposta: _____

5 Carmem comprou 9 metros de renda por R$ 1,20 o metro. Quanto Carmem pagou?

Resposta: _____

6 Gastei 0,5 de uma folha de papel para fazer uma pipa. Quanto gastarei para fazer 100 pipas?

Resposta: _____

PARA SE DIVERTIR

Mangá

No Japão, os gibis ou mangás, como são chamados por lá, são um grande sucesso: suas tiragens atingem milhões de exemplares.

Em Tóquio e nas grandes cidades japonesas, os mangás são leitura obrigatória no metrô. Ao final de cada dia, um serviço de limpeza urbano especializado em recolher gibis coleta toneladas de quadrinhos, que serão posteriormente reciclados para imprimir novas histórias.

Os mangás são famosos por seus enredos repletos de aventuras, pelas suas imagens vibrantes, pelo pouquíssimo texto e por seu entendimento quase instantâneo.

Perfeccionistas, os japoneses cronometraram o tempo de leitura dos gibis e, com isso, calcularam o tempo médio em que se lê uma página de mangá. O resultado a que chegaram (um número decimal, claro) diz tudo: 3,75 segundos por página.

Imenes, Jakubo, Lellis. *Frações e números decimais*. 16. ed. São Paulo: Atual, 1993. (Coleção Pra que Serve a Matemática?)

LIÇÃO 17 — DINHEIRO NO DIA A DIA

Observe o preço de alguns produtos do supermercado e depois discuta as questões propostas com os colegas e com o professor.

R$ 9,00

R$ 5,00

R$ 6,00 (4 unidades)

R$ 10,00 (8 unidades)

R$ 19,00

R$ 3,00

- Qual caixa de chocolate você compraria? Por quê?

_____
_____

- Seria mais vantajoso comprar o pacote com 6 garrafas de água ou comprar 6 garrafas soltas? Por quê?

_____

- Qual pacote de papel higiênico você compraria? Por quê?

_____
_____

ATIVIDADES

1 Destaque as cédulas e moedas do Almanaque e verifique de quantas formas diferentes você pode compor o valor R$ 36,00. Depois, registre as formas que você descobriu.

_____

_____

_____

2 Escreva o preço de cada produto com um desconto de R$ 1,50. Veja o exemplo:

R$ 13,50 → R$ 12,00

R$ 9,20 →

R$ 14,90 →

R$ 6,30 →

R$ 51,20 →

3 Preencha a tabela com o troco a receber em cada compra.

PRODUTO COMPRADO	DINHEIRO ENTREGUE	TROCO A RECEBER
Patins — R$ 152,90	R$ 160,00	R$ 7,10
Skate — R$ 116,50	R$ 150,00	R$ 33,50
Bicicleta — R$ 349,90	R$ 350,00	R$ 0,10
Patinete — R$ 79,85	R$ 90,00	R$ 10,15
Boneca — R$ 69,70	R$ 80,00	R$ 10,30

Facilitando o troco

Janaína gostaria de comprar uma bolsa que custava R$ 45,50. Ela tinha uma cédula de R$ 50,00 na carteira.

Mesmo tendo o valor suficiente para a compra, ela entregou ao vendedor uma cédula de [50 reais] e uma moeda de [50 centavos].

Você sabe por que ela deu a moeda de R$ 0,50, se já tinha o valor suficiente com a nota de R$ 50,00? Converse com seus colegas sobre a situação.

Janaína recebeu R$ 5,00 de troco do vendedor.

Pois,

[50 reais] + [50 centavos] = R$ 50,50

50,50 – 45,50 = 5,00

Se Janaína tivesse dado ao vendedor apenas a cédula de R$ 50,00 receberia R$ 4,50 de troco. Veja:

R$ 50,00 – 45,50 = R$ 4,50

Para o vendedor é mais fácil entregar uma cédula de R$ 5,00 do que compor com várias moedas e cédulas o valor R$ 4,50. Portanto, Janaína facilitou o troco ao entregar a moeda de R$ 0,50.

ATIVIDADES

1 Preencha a tabela com a quantia que pode ser dada para facilitar o troco em cada situação e o troco a ser recebido.

PREÇO DO PRODUTO	QUANTIA DISPONÍVEL	QUANTIA PARA FACILITAR O TROCO	TROCO
R$ 29,30	R$ 50,00		
R$ 5,50	R$ 10,00		
R$ 74,00	R$ 100,00		

2 Rafael tinha R$ 20,00 na carteira.

a) Ele conseguiria comprar um lanche de R$ 6,30 e uma bebida de R$ 7,20?

_____

b) Receberia troco? Quanto?

_____

_____

c) Que quantia Rafael poderia dar a mais para facilitar o troco?

_____

_____

PROBLEMAS

1 Tiago tinha algumas notas e moedas em sua carteira. Ganhou R$ 50,00 de seu pai e ficou com R$ 70,25. Que quantia Tiago tinha em sua carteira antes de ganhar o dinheiro de seu pai?

Resposta: _____

2 Mayara trocou sua nota de 5 reais por moedas de 25 centavos. Com quantas moedas Mayara ficou?

Resposta: _____

3 Dona Mercedes foi ao mercado com R$ 200,00 em dinheiro. Após fazer as compras, voltou com R$ 70,60. Que quantia Dona Mercedes gastou no mercado?

Resposta: _____

4 Seu Jorge comprou uma roupa por R$ 138,90 em 3 prestações. Na primeira prestação, pagou R$ 20,00. Na segunda, R$ 59,45. Quanto ele irá pagar na terceira?

Resposta: _____

LEIA MAIS

Reinaldo Domingos. *O menino, o dinheiro e os três cofrinhos*. São Paulo: Dsop, 2011.

A história de um menino às voltas com três cofrinhos em formato de porquinhos. Inicialmente, o garoto não vislumbra sua importância, mas passa a depositar no porquinho suas moedas, até que um dia uma bela surpresa acontece.

LIÇÃO 18 — PORCENTAGEM

Você provavelmente já viu anúncios como estes.

Mas, afinal, o que significam 10%, 20% ou 50% de desconto?
O símbolo **%** indica quantas partes foram tomadas de 100.
Por exemplo, 50% lê-se: cinquenta **por cento**.
Um desconto de 50% significa que, para uma compra de 100 reais, teremos 50 reais de desconto, ou seja, pagaremos só a metade: 50 reais!
Você vai aprender a trabalhar com "por cento" em situações de **porcentagem**.

Situação 1

Nesta figura, 34 dos 100 cubinhos estão coloridos.
Veja a representação numérica dessa situação:

- fração decimal: $\dfrac{34}{100}$
- número decimal: 0,34

Vamos representar agora em "por cento": 34%.

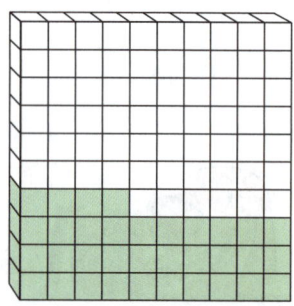

Situação 2

A professora Eni realizou uma pesquisa entre os alunos do 5º ano para conhecer a preferência pela prática de esportes. Veja a maneira como ela apresentou aos alunos o resultado da pesquisa. As turmas do 5º ano totalizam 60 alunos.

PREFERÊNCIA DO 5º ANO PELA PRÁTICA DE ESPORTES

- 10% não pratica esportes
- 40% vôlei
- 50% futebol

Observe que:
- 100% representa o total de alunos da classe, ou seja, 60 alunos.
- 50% dos alunos preferem futebol, então,
  $\frac{50}{100} \times 60 = 30$ alunos ou $0{,}50 \times 60 = 30$ alunos.
- 40% dos alunos preferem vôlei ou $0{,}40 \times 60 = 24$ alunos.
- 10% dos alunos não praticam esportes ou $0{,}10 \times 60 = 6$ alunos.
- Podemos verificar que: $30 + 24 + 6 = 60$ alunos e, da mesma forma: $50\% + 40\% + 10\% = 100\%$.

Situação 3

A televisão abaixo custa 600 reais, mas está com desconto de 20%.
O desconto dessa televisão será 20% de 600 reais:

$$\frac{20}{100} \times 600 = \frac{12\,000}{100} = 120 \text{ reais}$$

O desconto será de 120 reais.
$600 - 120 = 480$
O valor da televisão será R$ 480,00.

20% de desconto!

ATIVIDADES

1 Escreva na forma de fração decimal.

$$30\% = \frac{30}{100}$$

a) 8% ——————
b) 55% ——————
c) 18% ——————
d) 31% ——————
e) 70% ——————
f) 40% ——————

2 Transforme em número decimal os números na forma de porcentagens. Veja o exemplo.

$$18\% = 0{,}18$$

a) 23% ——————
b) 95% ——————
c) 60% ——————
d) 11% ——————
e) 1% ——————
f) 4% ——————

3 Represente as frações decimais na forma de porcentagem. $\frac{15}{100} = 15\%$

a) $\frac{6}{100}$ _____   e) $\frac{22}{100}$ _____   i) $\frac{5}{100}$ _____

b) $\frac{60}{100}$ _____   f) $\frac{35}{100}$ _____   j) $\frac{4}{100}$ _____

c) $\frac{9}{100}$ _____   g) $\frac{50}{100}$ _____   k) $\frac{49}{100}$ _____

d) $\frac{2}{100}$ _____   h) $\frac{12}{100}$ _____   l) $\frac{75}{100}$ _____

4 Leia o texto com atenção.

As águas existentes no planeta

Ao entrar em contato com a superfície, a água pode escolher três caminhos: escorrer, **infiltrar-se** no solo ou evaporar [...]

A maior parte dessas águas está concentrada nos oceanos e mares, que ocupam 71% da área do globo [...]

As águas continentais representam 2,7% das águas do planeta. A água doce congelada (geleiras e calotas polares) corresponde a 77,2%;das águas continentais; a água doce armazenada no subsolo — os **lençóis freáticos** e poços — corresponde a 22,4%; a água dos lagos e lagoas, 0,35%; a água da atmosfera, 0,04%, e a água dos rios, 0,01%.

Disponível em: http://bit.ly/2NG5Rrn. Acesso em: 24 jul. 2018.

VOCABULÁRIO

infiltrar: introduzir, penetrar.
lençol freático: reserva de água originada de água da chuva que se infiltra no solo até ser detida por uma camada de rocha impermeável.

Converse com os colegas e o professor sobre a importância da água para os seres vivos.

a) Escreva como você lê os números que aparecem no texto.

_____   _____

_____   _____

_____   _____

_____

b) Escreva os números em forma de fração de denominador 100.

2,7 _____   0,04 _____

0,35 _____   0,01 _____

Cálculo de porcentagem

Em algumas situações do dia a dia precisamos calcular o preço final a pagar após um desconto, ou a conta a pagar com uma multa.

É importante você saber:

> - **Desconto** ou **abatimento** é uma redução, o que se paga "a menos" ao efetuar um pagamento.
> - **Multa** é um acréscimo, o que se paga "a mais" sobre a dívida que não foi paga no prazo estipulado.
> - **Comissão** é uma porcentagem que se recebe sobre vendas efetuadas.

Veja algumas maneiras de calcular a porcentagem.

1 Vamos calcular 30% de 900.

$$30\% = \frac{30}{100}$$

Para calcular 30% de 900 fazemos:

$$900 \times \frac{30}{100} = \frac{27\,000}{100}$$

$$27\,000 \div 100 = 270$$
$$30\% \text{ de } 900 = 270$$

2 Vamos calcular 15% de R$ 800,00.

$$15\% = \frac{15}{100}$$

15% de R$ 800,00

$$\frac{15}{100} \times 800 = \frac{12\,000}{100} = 120$$

15% de R$ 800 = R$ 120,00

ATIVIDADES

1 Calcule as porcentagens em seu caderno. Registre aqui o resultado. Observe o exemplo.

$$35\% \text{ de } 400 = \frac{35}{100} \times 400 = \frac{14\,000}{100} = 140$$

a) 20% de 200 =

b) 10% de 800 =

c) 30% de 90 =

d) 75% de 40 =

e) 40% de 150 =

f) 50% de 70 =

g) 5% de 60 =

h) 35% de 300 =

i) 17% de 100 =

j) 8% de 50 =

k) 30% de 600 =

l) 50% de 900 =

m) 20% de 300 =

n) 15% de 120 =

2 A loja Compre Aqui oferece descontos em vários produtos em época de promoção. Use uma calculadora para calcular o valor do desconto e o preço final dos produtos.

ARTIGO	PREÇO REAL	% DE DESCONTO	VALOR DO DESCONTO	PREÇO FINAL
sapato	R$ 38,00	10%	R$ 3,80	R$ 34,20
bolsa	R$ 42,00	20%		
camisa	R$ 25,00	12%		
meia	R$ 6,00	30%		
calça	R$ 52,00	25%		
camiseta	R$ 18,00	15%		
sandália	R$ 15,00	12%		
vestido	R$ 74,00	50%		
camisola	R$ 20,00	8%		
pijama	R$ 21,00	10%		
fralda	R$ 6,00	5%		

PROBLEMAS

1 No 5º ano há 40 alunos, dos quais 5% praticam judô. Quantos alunos praticam judô e quantos não praticam?

Resposta: _____

2 Um colégio tem 400 alunos, 90% foram à excursão. Quantos alunos foram ao passeio?

Resposta: _____

3 Um trabalhador ganha R$ 1.200,00 por mês. Vai receber 35% de aumento. Quantos reais vai receber de aumento? Qual será seu salário depois do aumento?

Resposta: _____

4 Marina é técnica em eletrônica e ganha por mês R$ 1.870,00. Gasta 60% dessa quantia para o sustento da família. Quanto resta de seu sálario?

Resposta: _____

INFORMAÇÃO E ESTATÍSTICA

1 Um restaurante fez uma pesquisa para verificar os tipos de comida mais pedidos no mês de julho. Observe o resultado do levantamento organizado no gráfico de setores.

COMIDAS MAIS PEDIDAS NO MÊS DE JULHO

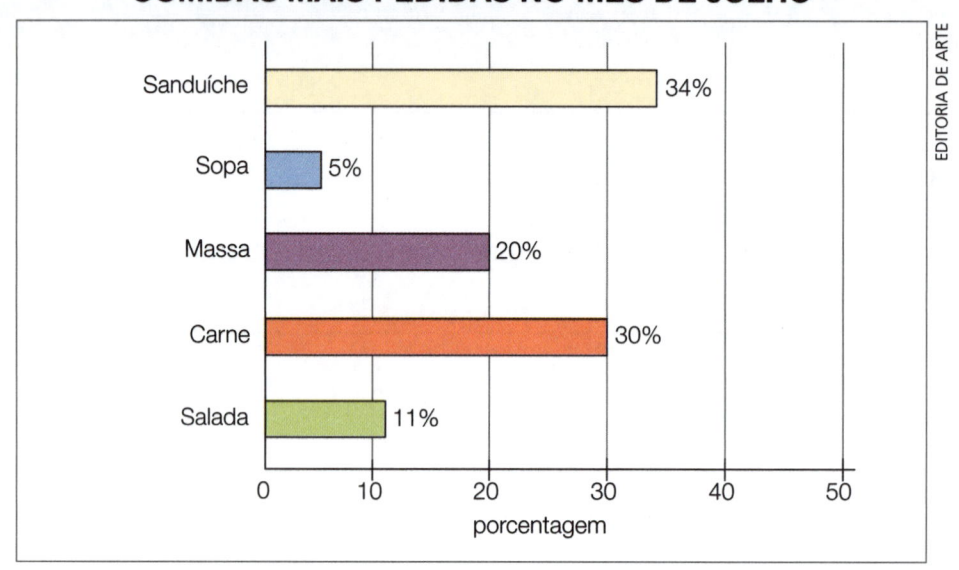

- Sanduíche: 34%
- Sopa: 5%
- Massa: 20%
- Carne: 30%
- Salada: 11%

porcentagem

a) Qual é o tipo de comida menos pedido no restaurante? _____

b) Qual é o tipo de comida mais pedido no restaurante? _____

c) Na sua opinião, por que este é o tipo de comida mais pedido?

d) Escreva na forma de fração e número decimal as porcentagens das vendas.

Sanduíche: _____   Carne: _____

Sopa: _____   Salada: _____

Massa: _____

e) Escreva como você lê os números que representam a quantidade de vendas do restaurante:

Sanduíche: _____   Carne: _____

Sopa: _____   Salada: _____

Massa: _____

19 GEOMETRIA NA MALHA QUADRICULADA

Representação e localização no plano

Observe o mapa de uma cidade.

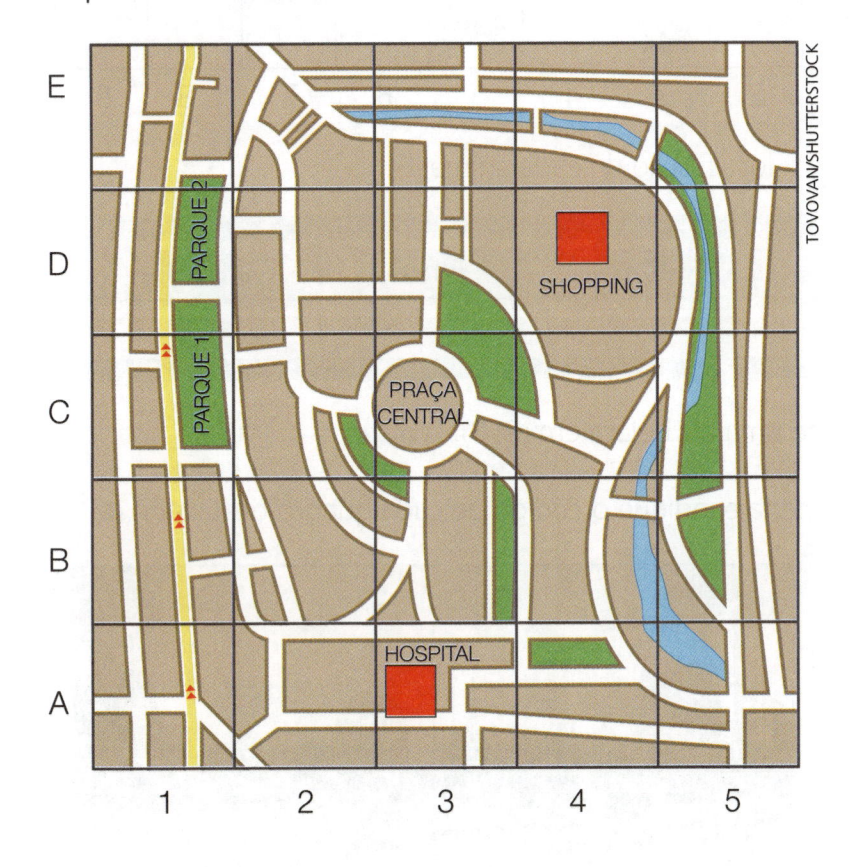

Observe que a Praça Central se localiza no quadro (3, C) da malha quadriculada.
- Onde se localiza o shopping?
- Onde se localiza o hospital?
- O que encontramos no quadro (1, C)?
- O rio passa pelo quadro (2, B)?

Nessa malha quadriculada é possível localizar qualquer quadro no cruzamento de uma linha (indicada por uma das letras ordenadas) com uma coluna (indicada por um dos números ordenados).

ATIVIDADES

1 Observe a malha a seguir.

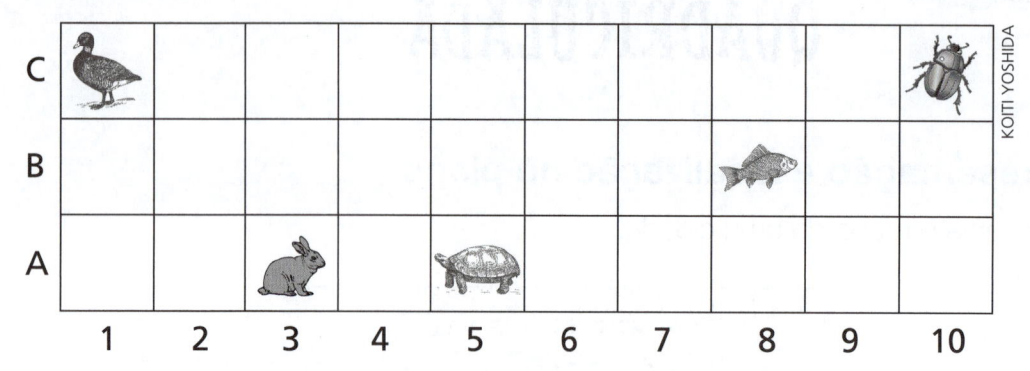

	1	2	3	4	5	6	7	8	9	10
C	pato									besouro
B								peixe		
A			coelho		tartaruga					

a) Indique a localização de cada animal.

Besouro	Coelho	Pato	Peixe	Tartaruga

b) Desenhe uma borboleta em (2, B).

2 Observe a cena e indique o código de cada quadro destacado da cena.

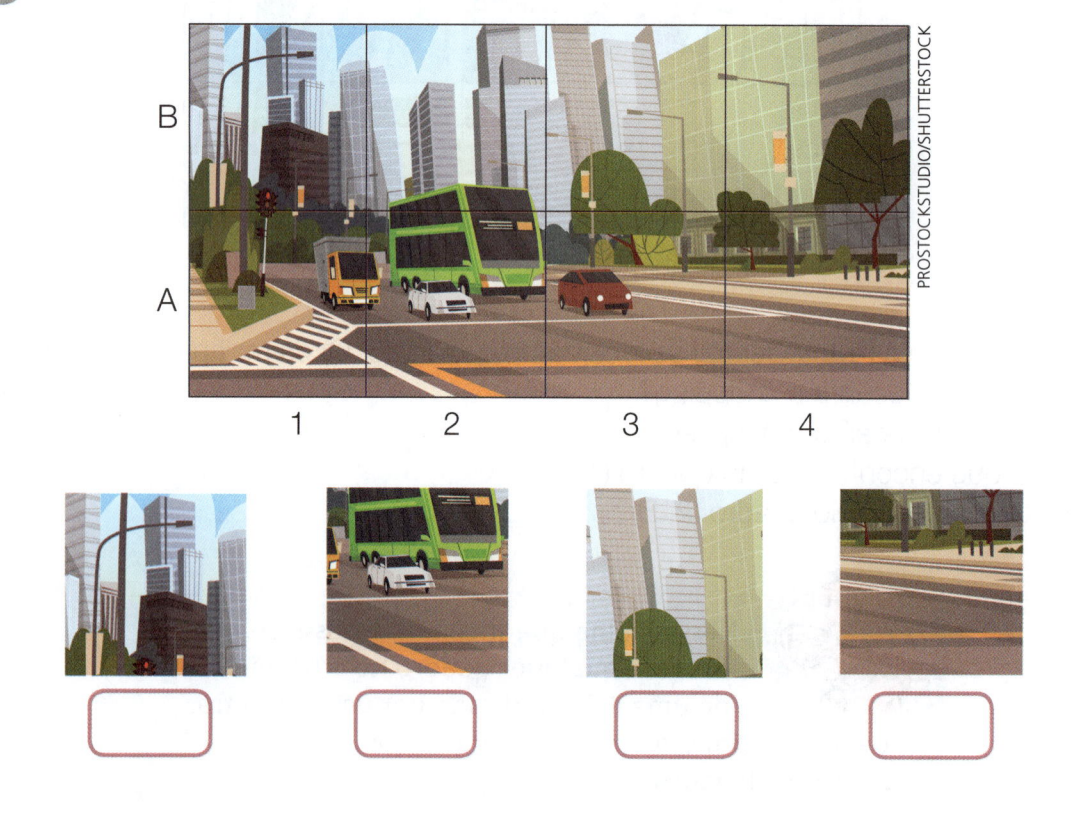

3 Pinte na malha a seguir um caminho de acordo com a sequência de códigos.

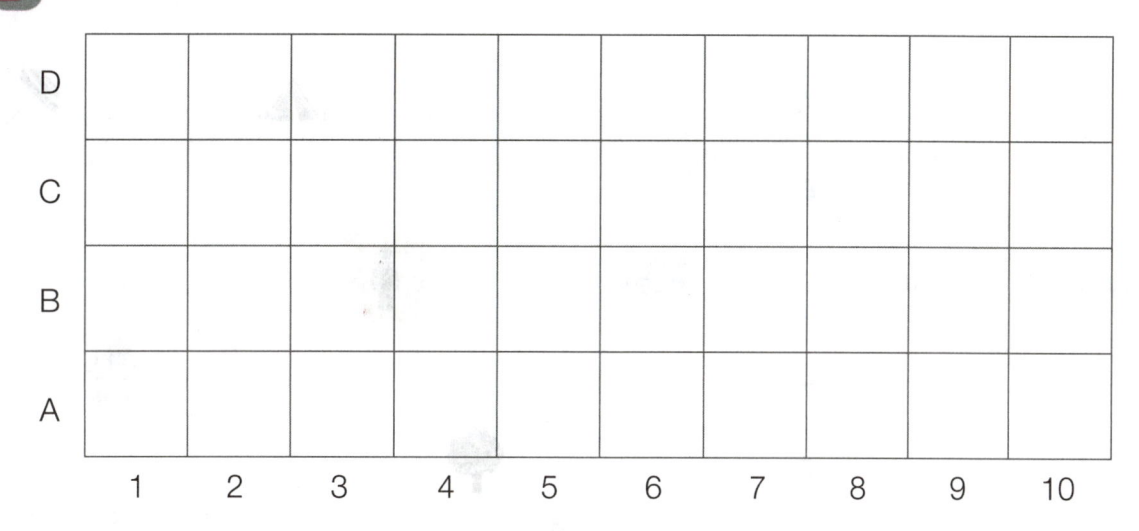

(1, B)→(2, B)→(3, B)→(3, C)→(3, D)→(4, D)→(5, D)→(6, D)→(7, D)→(8, D)→(9, D)→(9, C)→(10,C)

4 Registre na malha a seguir o que se pede em cada item.
  a) Pinte de vermelho o quadro (10, A).
  b) Pinte de amarelo o quadro (1, B).
  c) Pinte de verde o quadro (9, C).
  d) Escreva X no quadro (6, D).
  e) Escreva W no quadro (4, C).
  f) Escreva O no quadro (8, E).

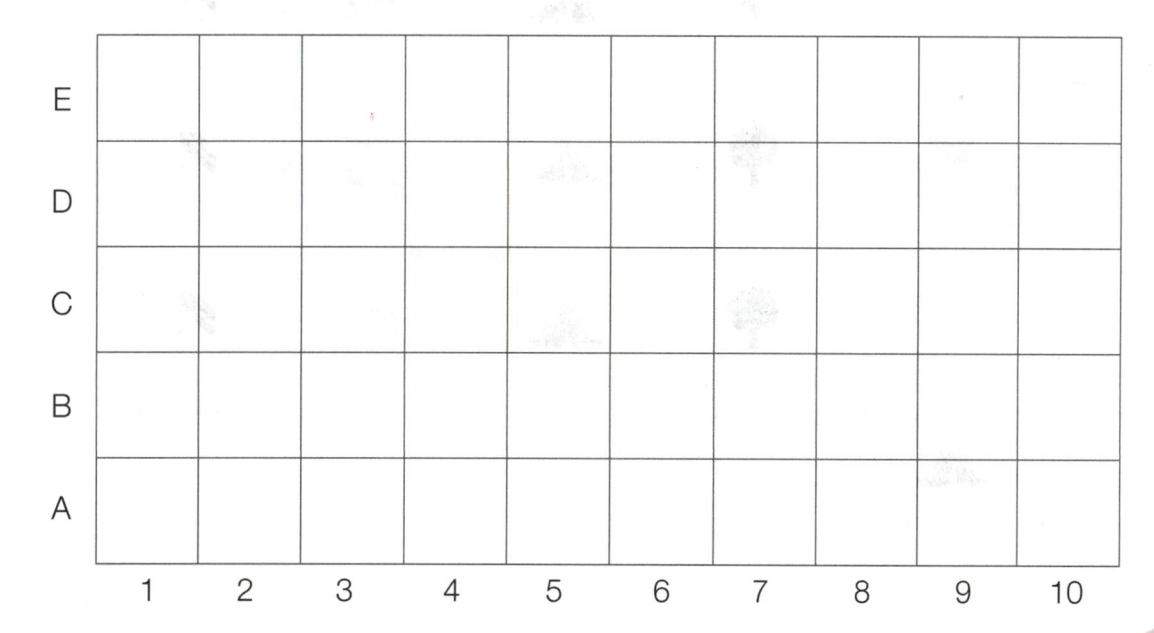

5 Este esquema representa o bairro onde Lucas mora.

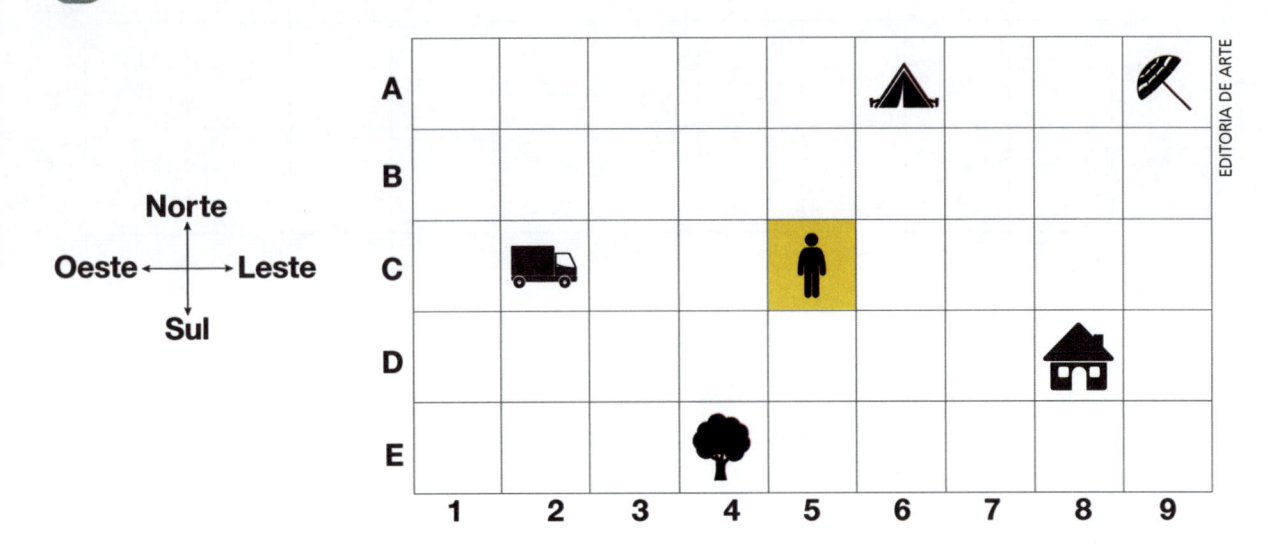

Norte
Oeste ←→ Leste
Sul

Ele desenhou um homem no centro do esquema e indicou os movimentos desse homem utilizando as direções norte, sul, leste e oeste.

Aonde o homem chegará se realizar cada um dos movimentos descritos em cada item? Marque um **X**.

a) Caminhar 1 quadro para oeste e 2 quadros para o sul.

○ 🚚   ○ 🌳   ○ ⛺   ○ 🏠   ○ ☂

b) Caminhar 3 quadros para oeste.

○ 🚚   ○ 🌳   ○ ⛺   ○ 🏠   ○ ☂

c) Caminhar 1 quadro para o sul e 3 quadros para leste.

○ 🚚   ○ 🌳   ○ ⛺   ○ 🏠   ○ ☂

d) Caminhar 4 quadros para leste e 2 quadros para norte.

○ 🚚   ○ 🌳   ○ ⛺   ○ 🏠   ○ ☂

e) Descreva o movimento que o homem deve realizar para, de onde está, chegar ao ⛺.

_____

_____

Ampliação e redução na malha quadriculada

Adriana gosta de desenhos indígenas. Ela pegou na internet um desenho e depois o ampliou.

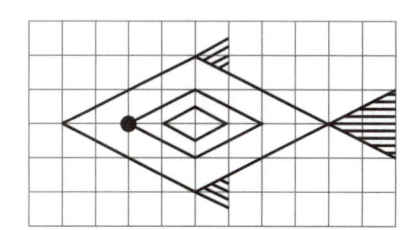

Desenho original

Desenho ampliado.

- O que você observa de igual nos dois desenhos? _____
- E o que você observa de diferente entre eles? _____
- As malhas utilizadas são iguais? Explique. _____
_____

ATIVIDADES

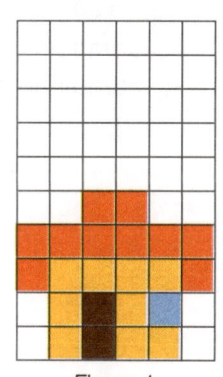

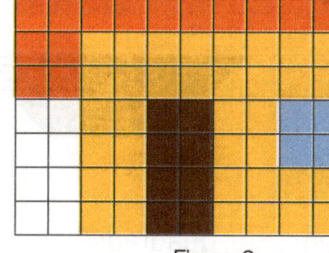

1 A figura 2 é uma ampliação da figura 1.

Figura 1   Figura 2

a) A malha utilizada nas duas figuras são iguais? _____

b) O que há de diferente nos dois desenhos? _____

c) Quantas vezes a quantidade de quadradinhos de mesma cor da figura 1 cabe na figura 2? _____

211

2 Observe a seguir o esquema de uma árvore. Agora, com lápis de cor, amplie essa imagem na malha.

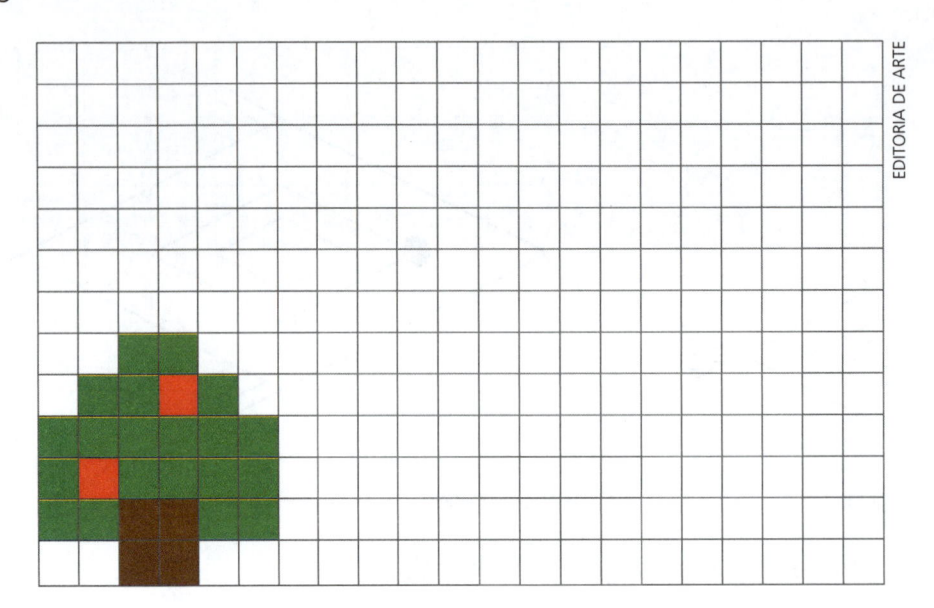

3 A figura B é uma redução da figura A. Leia e complete.

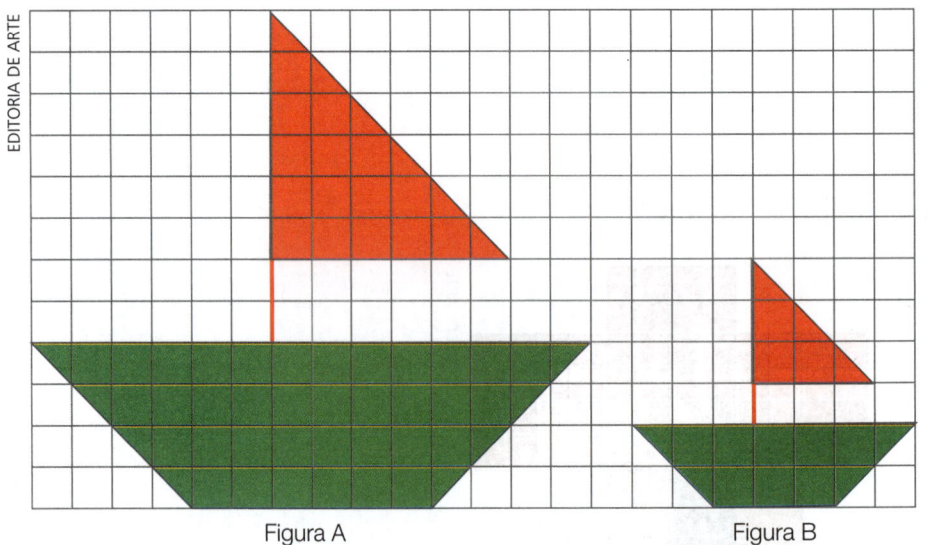

Figura A   Figura B

Meio quadradinho com meio quadradinho compõem um quadradinho inteiro!

a) Na parte verde da figura A cabem ____ quadradinhos.

b) Na parte verde da figura B cabem ____ quadradinhos.
40 ÷ ____ = 10

c) Na parte vermelha da figura A cabem ____ quadradinhos.

d) Na parte vermelha da figura B cabem ____ quadradinhos.
18 ÷ ____ = 4,5

LIÇÃO 20 — MEDIDAS DE COMPRIMENTO

O metro

Para medir é preciso conhecer a unidade padrão de medida e os instrumentos disponíveis para a medição.

No seu dia a dia você já deve ter visto alguns objetos usados como instrumento de medida de comprimento.

Veja alguns instrumentos que usam o **metro** como padrão de medida de comprimento.

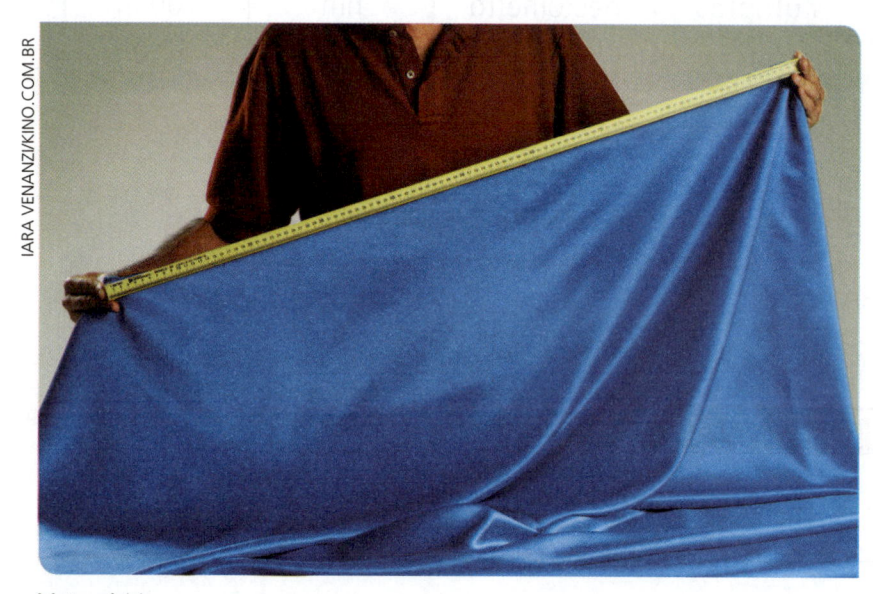

Metro rígido.

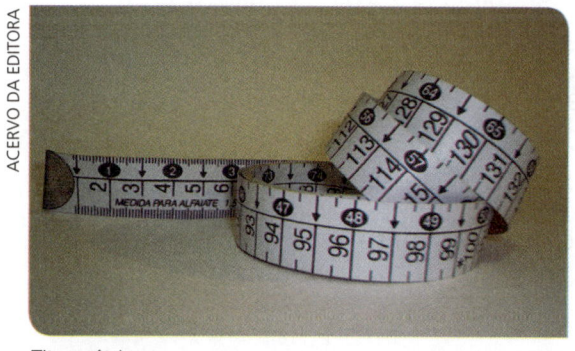

Fita métrica.

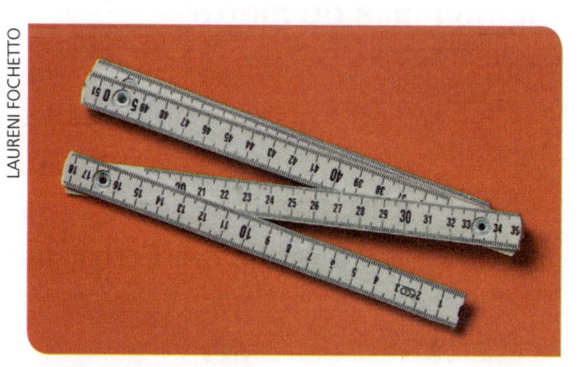

Metro articulado.

Para medir grandes extensões, como distâncias entre duas localidades, utilizamos os **múltiplos do metro**.

Múltiplos do metro
decâmetro

1 dam = 10 metros — O decâmetro é 10 vezes maior que o metro.

hectômetro

1 hm = 100 metros — O hectômetro é 100 vezes maior que o metro.

quilômetro

1 km = 1 000 metros — O quilômetro é 1 000 vezes maior que o metro.

Observe o quadro.

Múltiplos	quilômetro	km	1 000 m
	hectômetro	hm	100 m
	decâmetro	dam	10 m

Para medir pequenos comprimentos, utilizamos os **submúltiplos do metro**.

Veja um exemplo:

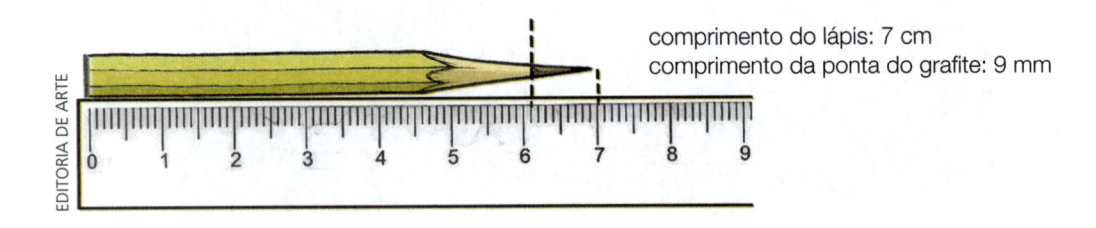

comprimento do lápis: 7 cm
comprimento da ponta do grafite: 9 mm

Submúltiplos do metro
decímetro

1 dm = 0,1 metro — O decímetro é $\frac{1}{10}$ do metro.

centímetro

1 cm = 0,01 metro — O centímetro é $\frac{1}{100}$ do metro.

milímetro

1 mm = 0,001 metro — O milímetro é $\frac{1}{1\,000}$ do metro.

Observe o quadro.

Submúltiplos	decímetro	dm	0,1 m
	centímetro	cm	0,01 m
	milímetro	mm	0,001 m

Resumindo:

Múltiplos				Submúltiplos		
km	hm	dam	m	dm	cm	mm
1 000 m	100 m	10 m	1 m	0,1 m	0,01 m	0,001 m

O múltiplo do metro mais usado é o quilômetro. Os submúltiplos do metro mais usados são o centímetro e o milímetro.

Leitura e representação

Observe no quadro a representação e a leitura de algumas medidas.

	km	hm	dam	m	dm	cm	mm	
2,65 km	2,	6	5					dois quilômetros e sessenta e cinco decâmetros
3,05 hm		3,	0	5				três hectômetros e cinco metros
5,3 dam			5,	3				cinco decâmetros e três metros
6,7 m				6,	7			seis metros e sete decímetros
0,25 m				0,	2	5		vinte e cinco centímetros
0,472 m				0,	4	7	2	quatrocentos e setenta e dois milímetros

Lê-se primeiro a parte inteira indicando a unidade.
Depois, lê-se a parte decimal acompanhada do nome da última ordem.

Transformação de unidades

Para transformar medidas de comprimento de uma unidade para outra, observe os exemplos nos quadros.

		km	hm	dam	m	dm	cm	mm
4 km em m	4 × 1 000 = 4 000 m	4	0	0	0			
7,2 dam em m	7,2 × 10 = 72 m			7	2			
53 m em cm	53 × 100 = 5 300 cm				5	3	0	0
2,485 hm em m	2,485 × 100 = 248,5 m		2	4	8,	5		
0,618 hm em dam	0,618 × 10 = 6,18 dam		0	6,	1	8		

		km	hm	dam	m	dm	cm	mm
34,5 dm em m	34,5 ÷ 10 = 3,45 m				3,	4	5	
128 dam em m	128 ÷ 100 = 1,28 m	1	2	8				
27,6 cm em dm	27,6 ÷ 10 = 2,76 dm					2,	7	6
421,7 dam em km	421,7 ÷ 100 = 4,217 km	4,	2	1	7			
64,3 m em km	64,3 ÷ 1 000 = 0,0643 km	0,	0	6	4	3		

Esquema prático

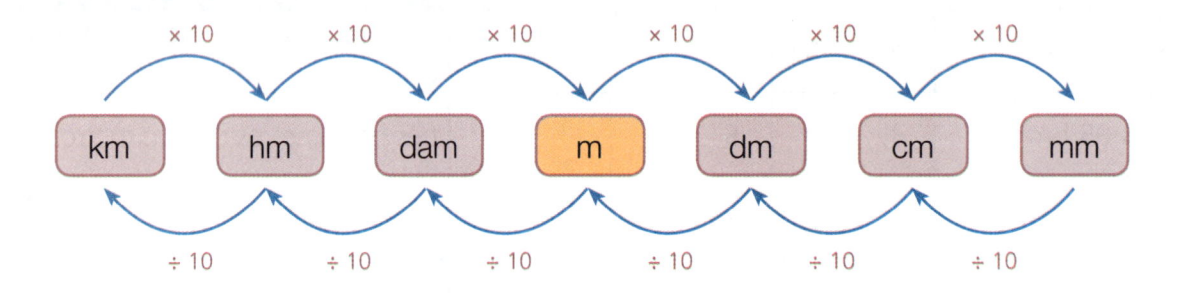

× 10 → × 10 → × 10 → × 10 → × 10 → × 10 →

km — hm — dam — m — dm — cm — mm

÷ 10 ← ÷ 10 ← ÷ 10 ← ÷ 10 ← ÷ 10 ← ÷ 10 ←

- Para transformar uma unidade superior em uma unidade imediatamente inferior, multiplica-se por 10, ou seja, desloca-se a vírgula uma ordem decimal para a direita e completa-se com zeros quando necessário.
- Para transformar uma unidade inferior em uma unidade imediatamente superior, divide-se por 10, ou seja, desloca-se a vírgula uma ordem decimal para a esquerda e completa-se com zeros quando necessário.

ATIVIDADES

1 Escreva por extenso as medidas indicadas.

a) 12 m _____

b) 0,5 m _____

c) 0,68 m _____

d) 2,45 m _____

e) 1,427 m _____

f) 0,783 m _____

2 Decomponha as medidas conforme o exemplo.

> 3,725 km ⟶ 3 km 7 hm 2 dam 5 m ou 3 km 725 m

a) 5,17 m ⟶ _____

b) 45,9 km ⟶ _____

c) 26,34 m ⟶ _____

d) 3,567 m ⟶ _____

e) 15,82 km ⟶ _____

f) 7,811 m ⟶ _____

3 Componha o número que representa as seguintes medidas.

a) 6 metros e 32 centímetros _____

b) 4 quilômetros e 17 decâmetros _____

c) 8 decâmetros e 43 centímetros _____

d) 9 decímetros e 2 milímetros _____

e) 7 metros e 5 centímetros _____

f) 61 hectômetros e 8 metros _____

g) 25 hectômetros e 46 decímetros _____

4 Decomponha as medidas, como no exemplo.

> 6,45 m ⟶ 6 m 4 dm 5 cm

a) 9,23 dam ⟶ _____

b) 2,751 km ⟶ _____

c) 4,849 m ⟶ _____

d) 8,533 hm ⟶ _____

e) 3,14 m ⟶ _____

5 Escreva por extenso, como no exemplo.

> 4,05 m: quatro metros e cinco centímetros

a) 8,2 dam: _____

b) 0,75 m: _____

c) 2,346 m: _____

d) 7,09 km: _____

6 Transforme as medidas abaixo.

> 315 cm = 31,5 dm = 3,15 m = 0,315 dam

a) 289 dm = _____ m

b) 75 mm = _____ cm = _____ dm = _____ m

c) 6,4 dam = _____ m = _____ dm = _____ cm

d) 521 m = _____ dm

e) 8,6 m = _____ dm = _____ cm = _____ mm

7 Transforme para a unidade de medida metro.

a) 7,2 km = _____ m

b) 144,8 cm = _____ m

c) 10 dm = _____ m

d) 9,6 cm = _____ m

e) 86 dm = _____ m

f) 322 cm = _____ m

g) 8 000 mm = _____ m

h) 45,72 mm = _____ m

8 Faça as transformações de unidades solicitadas.

a) 1 620 m para km _____

b) 45,2 km para m _____

c) 8,361 m para mm _____

d) 7,3 dam para km _____

e) 30,2 hm para km _____

f) 6 km para m _____

g) 6 480 m para km _____

h) 90 m para cm _____

i) 7,2 cm para mm _____

j) 2,1 m para mm _____

k) 92 cm para m _____

l) 87,55 m para mm _____

9 Complete o quadro, transformando as medidas em metros.

	km	hm	dam	m	dm	cm	mm	
6,4 km	6	4	0	0				6 400 m
32,15 dam								
5,42 dam								
8 km								
0,8 km								
16 hm								
0,07 hm								
73 dam								
1,32 km								

10 Passe para a unidade inferior indicada. Consulte o quadro de valor.

a) 9,234 km = _____ dam

b) 35,786 hm = _____ m

c) 41,96 m = _____ mm

d) 2 dm = _____ mm

11 Faça as transformações de unidades.

	km	hm	dam	m	dm	cm	mm
0,75 m em cm							
576,2 dm em m							
2 dm em cm							
0,57 dam em m							
35,7 hm em m							
0,02 m em mm							
500 m em km							

12 Efetue as operações em seu caderno. Registre aqui o resultado.

a) 15,3 m + 6 m + 7,20 m _____

b) 3,5 m + 4,25 m + 1,148 m _____

c) 18,95 m + 6 m + 0,43 m _____

d) 7,4 m + 5,365 m + 2 m _____

e) 81,60 m − 5,40 m _____

f) 52,90 m − 26 m _____

g) 8,79 m − 4 m _____

h) 76,50 m − 38 m _____

i) 7,21 m × 3 _____

j) 14,42 m × 12 _____

k) 6,53 m × 2 _____

l) 4,326 m ÷ 3 _____

m) 115,50 m ÷ 5 _____

n) 210,96 m ÷ 3 _____

PROBLEMAS

1 De um rolo de arame de 90 m serão feitos 15 rolos menores, todos com a mesma medida. Quantos metros medirá cada rolo? Dê a resposta também em centímetros.

Resposta: _____

2 Um carro deve percorrer uma distância de 75 km. Ele já percorreu $\frac{5}{10}$ da distância. Quantos metros do percurso ele já fez?

Resposta: _____

3 De um rolo de barbante de 95 m foram usados 48,85 m. Quantos metros não foram usados?

Resposta: _____

4 Em uma corrida automobilística, os carros já completaram 8 voltas de um percurso de 280 km. Sabendo que cada volta tem 25 km, quantos metros faltam para o fim da corrida?

Resposta: _____

PARA SE DIVERTIR

TURMA DO PERALTA

ESTES SÃO OS ANIMAIS QUE POSSUEM O MAIS VAGAROSO JEITO DE CAMINHAR...

... A TARTARUGA ANDA CINQUENTA METROS POR HORA...

...O CARAMUJO ANDA A TRINTA METROS POR HORA!

PERALTA INDO PRA ESCOLA: 20 METROS POR HORA!

O que você pensa a respeito da conduta do Peralta?

Qual a importância do sistema métrico?

A principal vantagem desse sistema é a possibilidade de expressar, de modo simples, e através de um único número, resultado de uma medição feita com o padrão metro, seus múltiplos e submúltiplos.

A comissão criada pela Academia de Ciências de Paris optou por um sistema de medidas justamente por ser também decimal o sistema de numeração que usamos. Pela facilidade de seu emprego, o Sistema Métrico Decimal foi sendo cada vez mais usado, desde a Revolução Francesa. Atualmente, ele está em vigor quase que no mundo inteiro.

Nílson José Machado. *Medindo comprimentos.*
São Paulo: Scipione, 2000.

21 PERÍMETRO E ÁREA

Perímetro

Mamãe quer colocar renda em volta de uma toalha. A toalha tem a forma de um quadrado cujos lados medem 30 cm.

O comprimento da renda usada por mamãe nos dá o **perímetro** do quadrado.

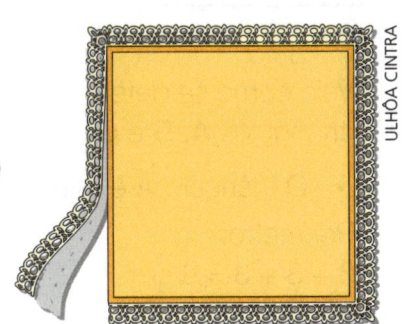

> **Perímetro** é a soma das medidas dos lados de um **polígono**.

> Para calcular o perímetro do quadrado, multiplica-se o comprimento do lado por 4.

O perímetro desse quadrado mede:

30 + 30 + 30 + 30 = 120 cm
ou
4 × 30 = 120 cm

Agora, observe os triângulos.

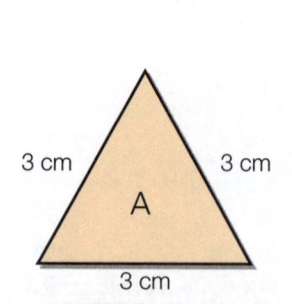

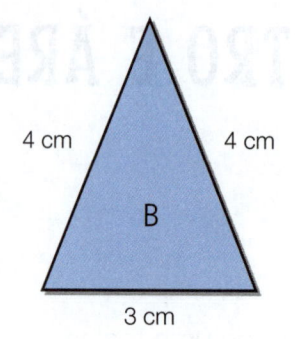

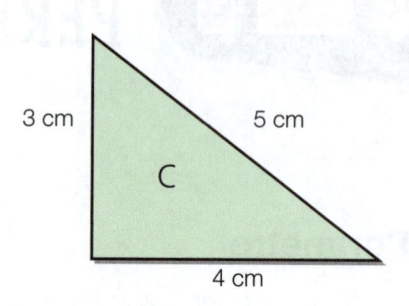

Veja como se determinam os perímetros dos triângulos **A**, **B** e **C**.

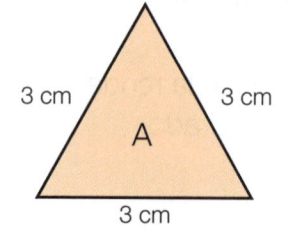

- O triângulo **A** é equilátero.

Perímetro:
3 + 3 + 3 = 9 cm
3 × 3 = 9 cm

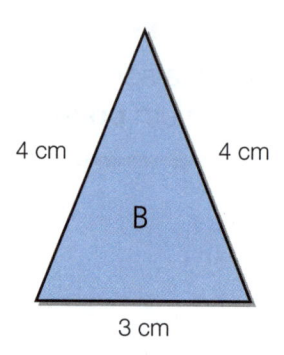

- O triângulo **B** é isósceles.

Perímetro:
4 + 4 + 3 = 11 cm
ou
(2 × 4) + 3 = 11 cm

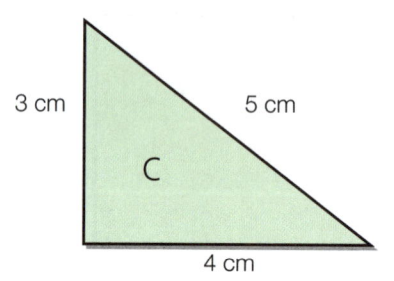

- O triângulo **C** é escaleno.

Perímetro:
3 + 4 + 5 = 12 cm

Agora, veja como se determina o perímetro de um **retângulo**.
O retângulo tem lados opostos com a mesma medida.

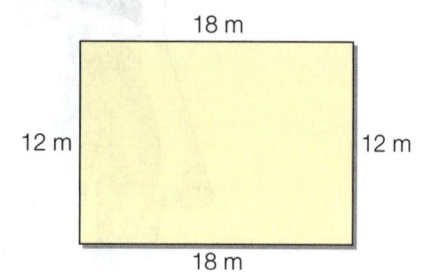

Perímetro:
12 + 12 + 18 + 18 = 60 m
ou
12 × 2 = 24 m
18 × 2 = 36 m
24 + 36 = 60 m

ATIVIDADES

1 Calcule o perímetro de cada polígono.

a) 4,5 cm; 2,5 cm; 2,5 cm; 4,5 cm

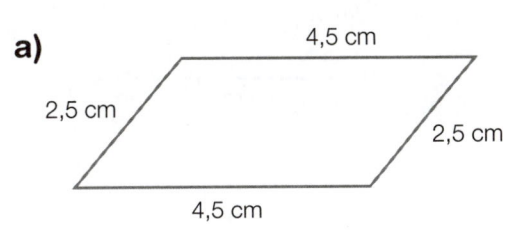

P = _____

b) 2 cm; 4 cm; 5 cm

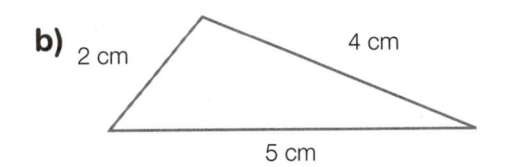

P = _____

c) 1,5 cm; 4 cm; 2 cm; 5 cm

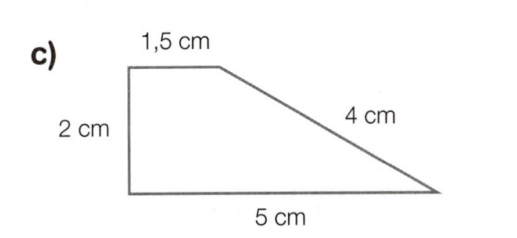

P = _____

d) 4 cm; 2 cm; 2 cm; 4 cm

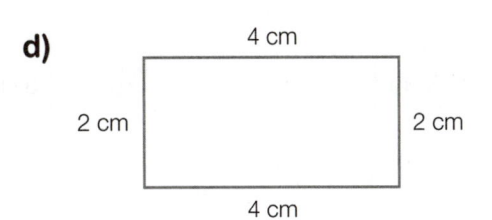

P = _____

e) 5 cm; 4 cm; 3 cm

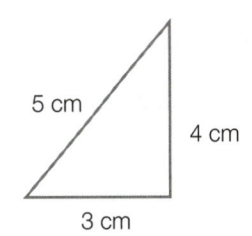

P = _____

f) 3 cm; 3 cm; 2 cm

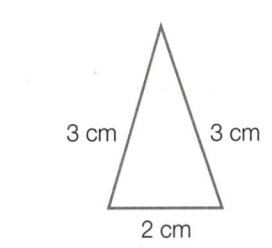

P = _____

2 Com uma régua, meça os lados de cada figura e escreva o perímetro.

a) P = _____

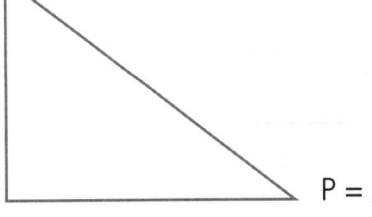

b) P = _____

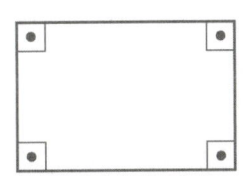

c) P = _____

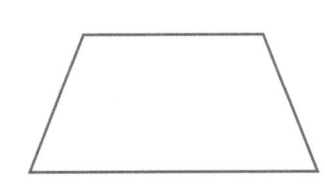

d) P = _____

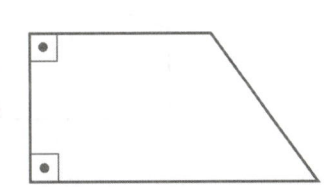

3 Calcule o perímetro de cada figura.

a) 6 cm, 3 cm, 6 cm, 3 cm

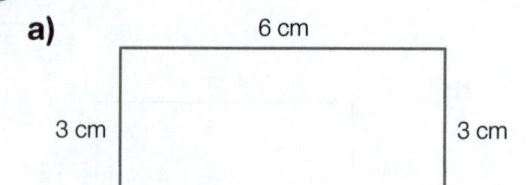

b) 2 cm, 4 cm, 3 cm

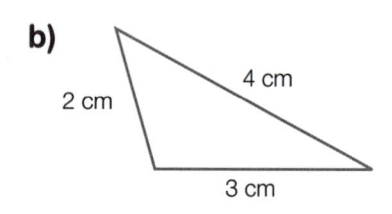

c) 2 cm, 2 cm, 2 cm

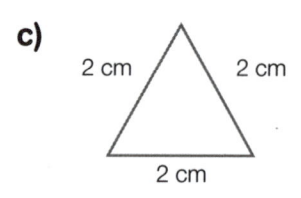

d) 2,5 cm, 4,5 cm, 6 cm

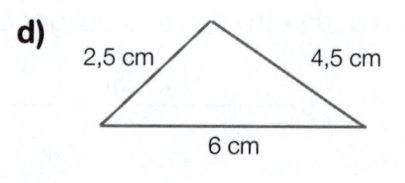

e) 3,6 cm, 3,6 cm, 4,8 cm

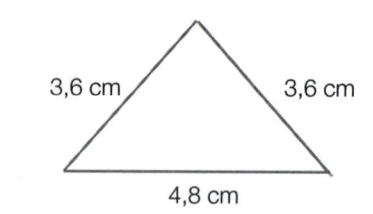

f) 6,4 cm, 3,7 cm, 6,4 cm, 3,7 cm

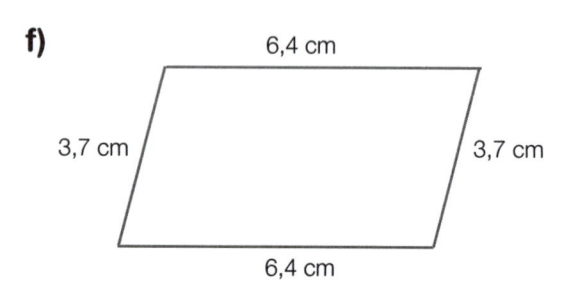

4 Calcule a medida do lado que está pintado de vermelho para que cada polígono tenha 15 cm de perímetro.

a) 7 cm, 5 cm, ?
_____ cm

b) 5 cm, 2 cm, 4 cm, ?
_____ cm

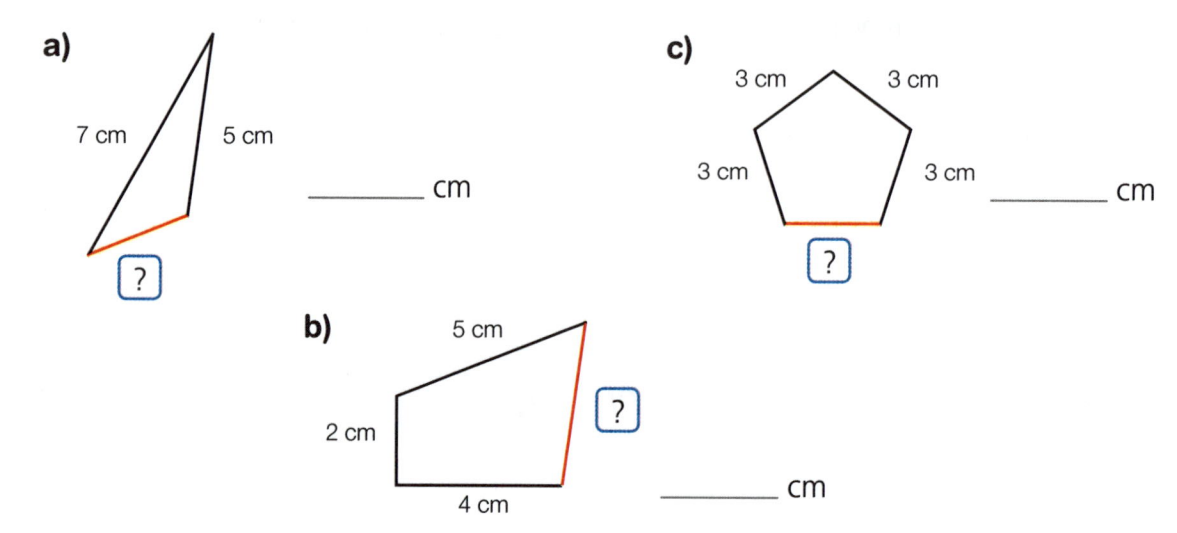

c) 3 cm, 3 cm, 3 cm, 3 cm, ?
_____ cm

5 Com uma régua, meça os lados dos polígonos e calcule o perímetro de cada um.

a) perímetro: _____ cm

b) perímetro: _____ cm

c) perímetro: _____ cm

d) perímetro: _____ cm

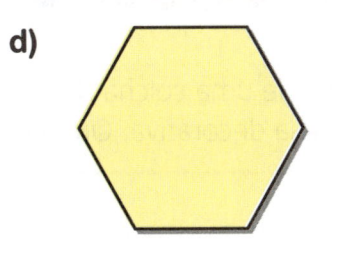

e) perímetro: _____ cm

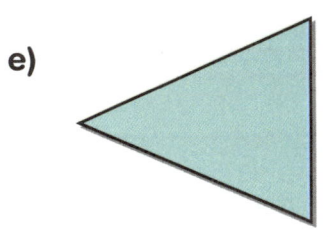

6 Determine o perímetro dos polígonos.

a) 3,5 cm; 3,5 cm; 3,5 cm; 3,5 cm

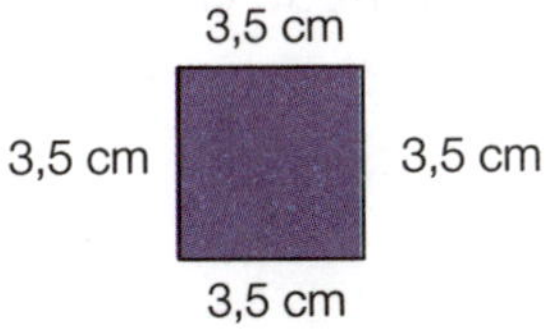

b) 13,4 cm; 6,2 cm; 6,2 cm; 13,4 cm

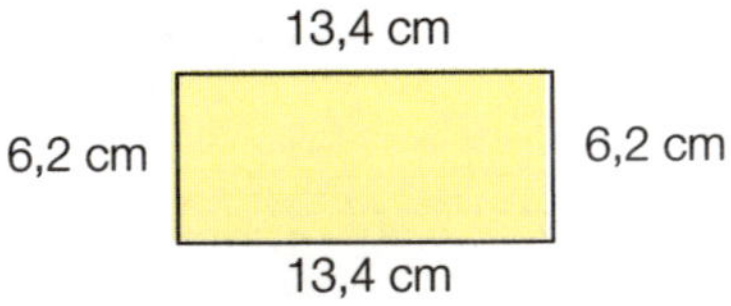

c) 7,12 dm; 3,9 dm; 3,9 dm; 7,12 dm; 4,1 dm

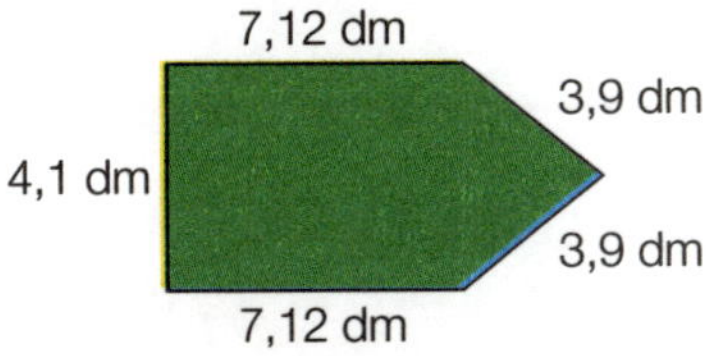

d) 12 cm; 20 cm; 16 cm

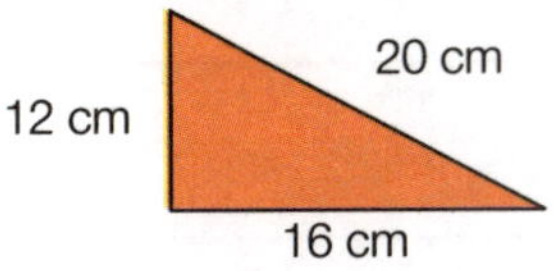

PROBLEMAS

1 Em volta de uma colcha de 3 m de comprimento por 2 m de largura foi colocada uma franja decorativa. Quantos metros de franja foram usados?

Resposta: _____

2 Qual é o perímetro de um terreno retangular cujo lado menor mede 15 m e o maior 27 m?

Resposta: _____

3 O perímetro de um terreno quadrado mede 96 m. Quanto mede cada lado?

Resposta: _____

4 Mário ganhou um porta-retrato retangular com 30 cm de comprimento por 10 cm de altura. Qual é o perímetro desse porta-retrato?

Resposta: _____

5 Alfredo comprou uma toalha de mesa retangular com 3,5 m de comprimento por 2,5 m de largura. Calcule o perímetro da toalha.

Resposta: _____

6 Vovó mandou colocar rodapé numa sala retangular de 6,5 m de comprimento por 4,7 m de largura. Quantos metros de rodapé serão necessários se na sala há uma porta de 90 cm de largura?

Resposta: _____

7 Joana comprou um terreno quadrado cujo perímetro é 60 m. Quanto mede cada lado?

Resposta: _____

8 Qual é o perímetro de um triângulo equilátero cujos lados medem 6 cm?

Resposta: _____

9 Calcule o perímetro de um retângulo de 7,8 m de comprimento e 3,6 m de largura.

Resposta: _____

PARA SE DIVERTIR

Brincando com palitos

Para esta atividade você pode usar palitos de fósforo já usados ou pedaços de canudos de refrigerante.

Com 15 palitos, podemos construir um triângulo equilátero.
Com 15 palitos, construa um triângulo isósceles.
Com outros 15 palitos, construa um triângulo escaleno.
Registre sua solução no quadro abaixo.

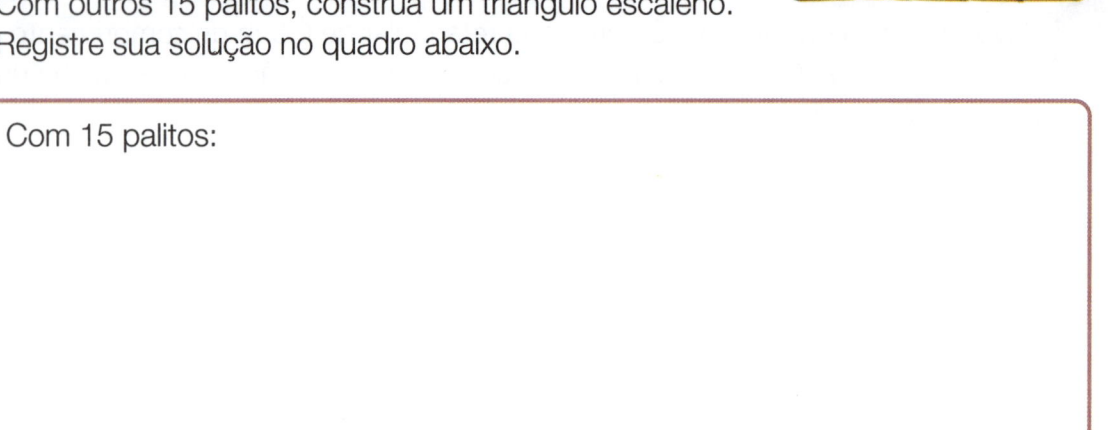

Com 15 palitos:

Com 12 palitos, construa um triângulo equilátero, um triângulo isósceles e um triângulo escaleno. Registre abaixo as figuras que você formou.

Com 12 palitos:

Área

Para medir a superfície de figuras planas, como o piso de uma sala, um terreno, um muro a ser pintado ou o tampo de uma mesa, utilizamos as unidades de **medidas de superfície**.

A medida de uma superfície chama-se **área**.

Para medir uma superfície é preciso adotar uma **unidade padrão** de medida. Observe o quadriculado abaixo.

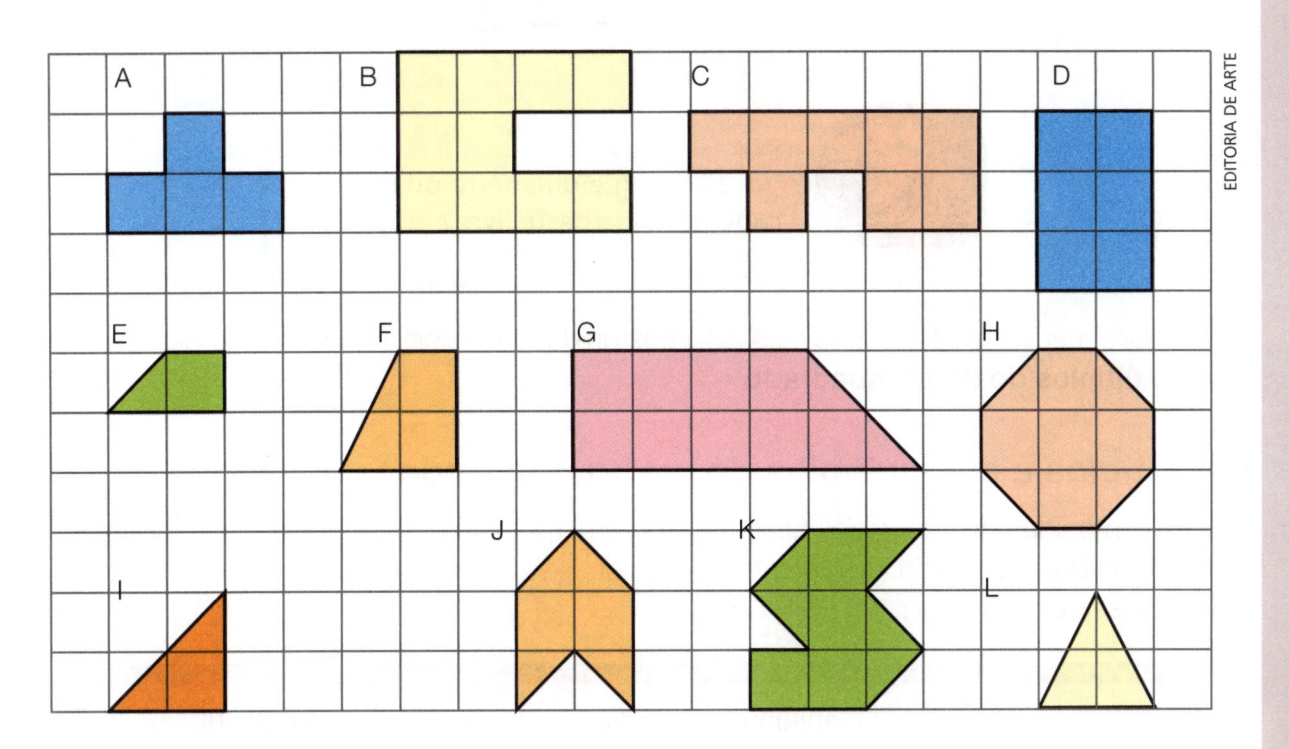

Tomando o ☐ como unidade de medida, podemos verificar quanto desta unidade cobre cada figura.

Para conhecer a área de cada superfície, vamos contar os quadrados unitários que a cobrem. Veja:

A = 4	E = 1,5	I = 2
B = 10	F = 3	J = 4
C = 8	G = 10	K = 6,5
D = 6	H = 7	L = 2

A unidade padrão de área é o **metro quadrado** (m^2).

O metro quadrado é a área ocupada por um quadrado de 1 metro de lado.

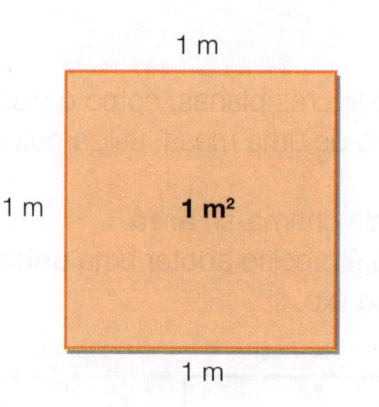

1 m

1 m   1 m²   1 m

1 m

$1\ m \times 1\ m = 1\ m^2$

Você acha que um metro quadrado cabe na folha deste livro?

Para medir grandes superfícies, usamos unidades maiores que o metro quadrado: **os múltiplos do metro quadrado**.

Múltiplos e submúltiplos do metro quadrado

As medidas de superfície variam de 100 em 100, isto é, uma unidade é 100 vezes maior do que a unidade imediatamente inferior.

Observe o quadro.

Múltiplos	quilômetro quadrado	km²	1 000 000 m²
	hectômetro quadrado	hm²	10 000 m²
	decâmetro quadrado	dam²	100 m²
Unidade fundamental	metro quadrado	m²	1 m²
Submúltiplos	decímetro quadrado	dm²	0,01 m²
	centímetro quadrado	cm²	0,0001 m²
	milímetro quadrado	mm²	0,000001 m²

1 dam² é a área de um quadrado de 1 dam de lado.
1 hm² é a área de um quadrado de 1 hm de lado.
1 km² é a área de um quadrado de 1 km de lado.

O **quilômetro quadrado** (km²) serve para medir grandes superfícies, como a área territorial de um município, de um estado ou de um país.

Para medir pequenas superfícies usamos unidades de medida menores que o metro quadrado: os **submúltiplos do metro quadrado**.

O submúltiplo mais usado é o **centímetro quadrado** (cm²), que representa uma região determinada por um quadrado de um centímetro de lado.

Leitura e representação

Como as medidas de área variam de 100 em 100, as suas representações decimais são escritas com 2 algarismos em cada unidade de ordem. Veja.

	km²	hm²	dam²	m²	dm²	cm²	mm²	Leitura
6,70 m²				6,	70			6 metros quadrados e 70 decímetros quadrados
24,6450 km²	24,	64	50					24 quilômetros quadrados e 6450 decâmetros quadrados
120,8 cm²					1	20	80	120 centímetros quadrados e 80 milímetros quadrados

Lê-se primeiro a parte inteira indicando a unidade. Depois, divide-se a parte decimal em grupos de dois algarismos e se lê o número acompanhado da denominação da última ordem indicada.

Transformação de unidades

Para transformar uma unidade superior em uma unidade imediatamente inferior, multiplica-se por 100, ou seja, desloca-se a vírgula 2 algarismos para a direita. Veja.

	km²	hm²	dam²	m²	dm²	cm²	mm²
6 m² em dm² 6 × 100 = 600 dm²				6	00		
3,24 km² em dam² 3,24 × 10 000 = 32 400 dam²	3	24	00				
2,5718 km² em m² 2,5718 × 1 000 000 = 2 571 800 m²	2	57	18	00			
5,7 m² em cm² 5,7 × 10 000 = 57 000 cm²				5	70	00	

233

Para transformar uma unidade inferior em uma unidade imediatamente superior, divide-se por 100, ou seja, desloca-se a vírgula 2 algarismos para a esquerda.

	km²	hm²	dam²	m²	dm²	cm²	mm²
4,6230 m² em dam² 4,6230 ÷ 100 = 0,046230 dam²			0,	04	62	30	
6 728 mm² em dm² 6 728 ÷ 10 000 = 0,6728 dm²					0,	67	28
15 m² em km² 15 ÷ 1 000 000 = 0,000015 km²	0,	00	00	15			
870 cm² em m²				0,	08	70	

Esquema prático

× 100 × 100 × 100 × 100 × 100 × 100

km² → hm² → dam² → m² → dm² → cm² → mm²

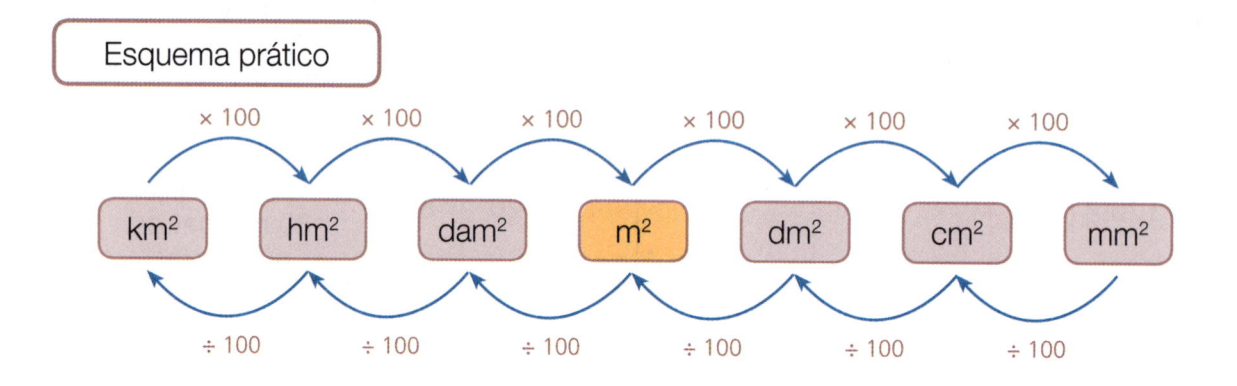

÷ 100 ÷ 100 ÷ 100 ÷ 100 ÷ 100 ÷ 100

ATIVIDADES

1 Escreva as medidas representadas como no exemplo.

> 5,23 m² ⟶ 5 metros quadrados e 23 decímetros quadrados

a) 18 hm² _____

b) 8,45 cm² _____

c) 9 km² _____

d) 7,1532 m² _____

2 Represente as medidas abaixo como no exemplo.

> 12 decâmetros quadrados ⟶ 12 dam²

a) 346 metros quadrados _____

b) 4 metros quadrados e 16 decímetros quadrados _____

c) 71 decímetros quadrados _____

d) 59 hectômetros quadrados _____

e) 8 decímetros quadrados e 1 239 milímetros quadrados _____

3 Decomponha as medidas, conforme o exemplo.

> 7,2836 hm² ⟶ 7 hm² 28 dam² 36 m²

a) 127,40 m² _____   d) 9,6340 m² _____

b) 15,7528 dm² _____   e) 6,3845 km² _____

c) 35,1950 dam² _____   f) 48,3041 hm² _____

4 Transforme em metros quadrados as medidas indicadas.

a) 6,7 km² _____   d) 14,3 km² _____

b) 8,6 km² _____   e) 9,5 km² _____

c) 6 km² _____   f) 7,50 km² _____

5 Transforme as medidas representadas abaixo.

a) 4 720 cm² em m² _____   c) 6 130 000 mm² em m² _____

b) 231,65 dm² em m² _____   d) 3 848 m² em dm² _____

235

Áreas do quadrado e do retângulo

Quadrado

A unidade padrão da medida de superfície, o metro quadrado, foi definida como a área ocupada por um quadrado de lado 1 metro.

A área de um quadrado em metros quadrados é dada pela quantidade de metros quadrados que cabem nessa superfície.

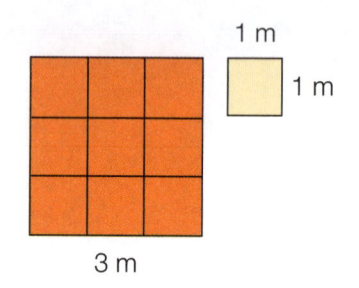

A área dessa figura é 9 m², porque a unidade padrão de área, o metro quadrado, cabe 9 vezes nessa superfície.

A área do **quadrado** é dada pelo produto das medidas de dois de seus lados.

$$A = 3\ m \times 3\ m$$
$$A = 9\ m^2$$

Retângulo

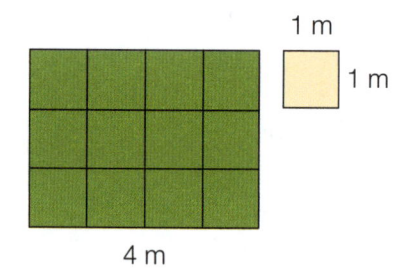

A área desse retângulo é 12 m² (a unidade padrão de área, o metro quadrado, cabe 12 vezes nessa superfície).

A área do **retângulo** é dada pelo produto das suas duas dimensões.

$$A = 3\ m \times 4\ m$$
$$A = 12\ m^2$$

ATIVIDADES

1 Calcule a área dos quadrados abaixo.

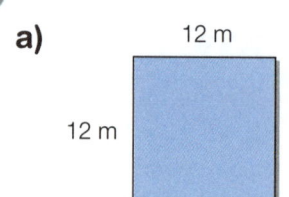

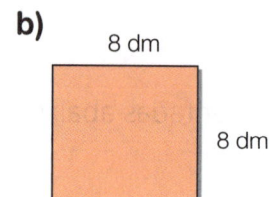

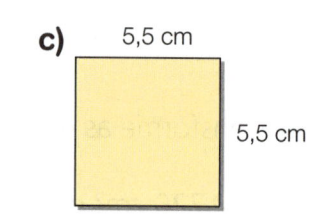

a) 12 m × 12 m

b) 8 dm × 8 dm

c) 5,5 cm × 5,5 cm

2 Calcule a área dos terrenos quadrados cujas medidas estão representadas nos desenhos.

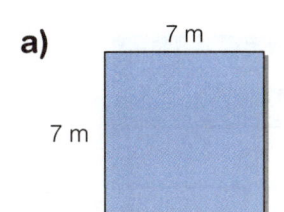

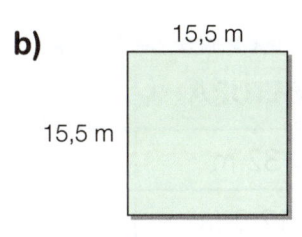

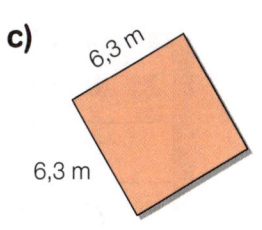

a) 7 m × 7 m

b) 15,5 m × 15,5 m

c) 6,3 m × 6,3 m

3 Observe os desenhos e determine o que se pede.

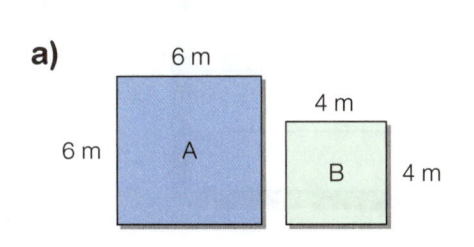

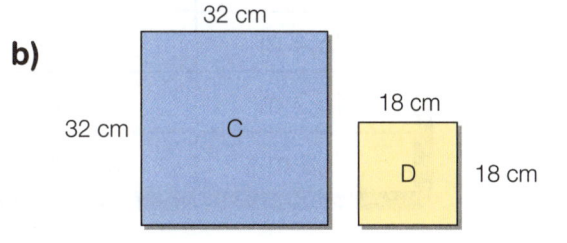

a) A: 6 m × 6 m; B: 4 m × 4 m

b) C: 32 cm × 32 cm; D: 18 cm × 18 cm

- área da figura A _____
- área da figura B _____
- área da figura C _____
- área da figura D _____

4 Calcule a área de cada retângulo.

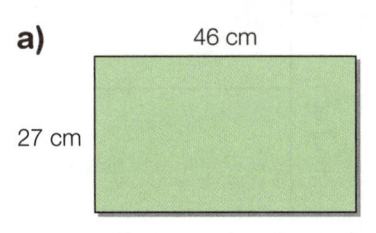

a) 46 cm × 27 cm

A = _____

b) 38 cm × 17 cm

A = _____

c) 3,50 m × 2,80 m

A = _____

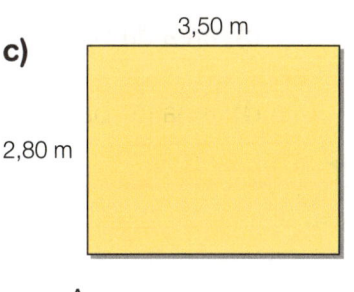

5 Calcule mentalmente a área dos terrenos representados pelas figuras.

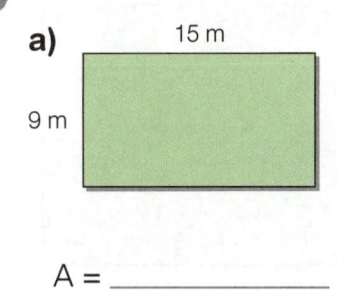

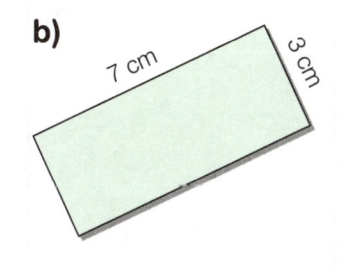

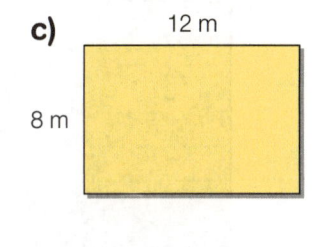

a) 15 m × 9 m

A = _____

b) 7 cm × 3 cm

A = _____

c) 12 m × 8 m

A = _____

6 Com uma calculadora, determine a área dos terrenos retangulares de acordo com as medidas.

BASE	ALTURA	ÁREA
20,6 m	32 m	
22,8 m	12,5 m	
10,7 m	8,6 m	
32 m	13 m	
26,4 m	16,3 m	
45,2 m	26,7 m	
9,8 m	6,4 m	

7 Observe a planta de um apartamento e calcule as seguintes áreas.

a) área da sala _____

b) área do quarto _____

c) área da cozinha _____

d) área do banheiro _____

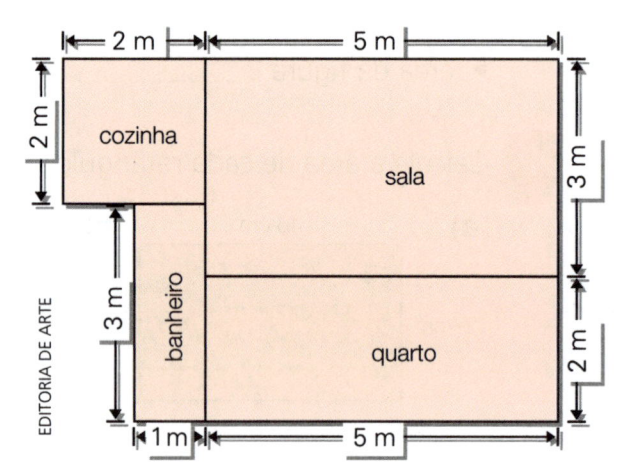

8 Meça com uma régua e calcule a área e o perímetro de cada figura.

a)

b)

_____ _____

PROBLEMAS

1 Qual é a área de um terreno quadrado de 22,6 m de lado?

Resposta: _____

2 Quantos selos quadrados de 3 cm de lado cabem em uma folha também quadrada de 27 cm de lado?

Resposta: _____

3 Quantas pedras de cerâmica de 2 cm de lado precisarei para cobrir o chão de uma sala que mede 8 m de comprimento por 5 m de largura?

Resposta: _____

DESAFIO

Observe a planta da casa do sr. José e ajude-o a calcular a quantidade de piso a ser comprada. Ele vai colocar piso de madeira nos dois quartos e piso frio nos outros cômodos. Quer comprar tudo de uma vez para conseguir um bom desconto. Quanto de piso de madeira ele terá de comprar? Quanto de piso frio ele terá de comprar?

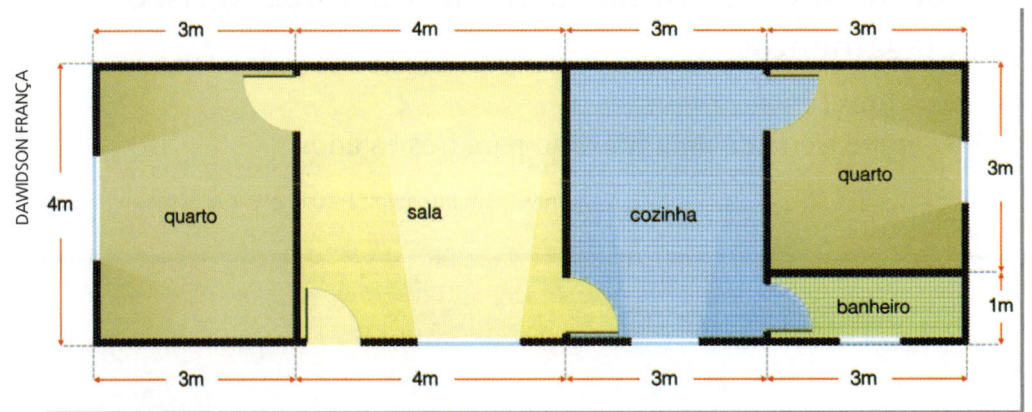

LIÇÃO 22 — VOLUME E CAPACIDADE

As manchetes a seguir foram publicadas no primeiro semestre de 2022.

Mesmo com crise hídrica, Brasil perde 40% da água tratada

Nádia Pontes   22/03/2022

Ainda sob impacto da pior crise hídrica em décadas, país mantém altas taxas de desperdício do recurso tratado e problemas de acesso à água. Cientistas climáticos preveem agravamento do cenário.

Disponível em: https://bit.ly/3PrLRJG. Acesso em: 19 jul. 2022.

Seca antecipada do Pantanal em 2022 muda paisagem e aumenta risco de queimadas

Aliny Mary Dias, Mídiamax   20/06/2022

Maior planície alagada do mundo com paisagens que tiram o fôlego de qualquer um, o Pantanal tem sofrido impactos severos em consequência das queimadas dos últimos anos e da seca antecipada em 2022. Instituições de Mato Grosso do Sul ligadas à preservação do meio ambiente alertam para a situação que pode se agravar ainda mais neste ano.

Disponível em: https://bit.ly/3RKdvD8. Acesso em: 19 jul. 2022.

Nordeste deve continuar com chuvas fortes e risco de alagamentos

Agência Brasil   25/05/2022

Inmet emite alerta de grau máximo para três estados

Disponível em: https://bit.ly/3zhc6ww. Acesso em: 19 jul. 2022.

Manaus tem chuva acima da média nos primeiros meses do ano

G1 AM   30/03/2022

Número de ocorrências registradas pela Defesa Civil também cresceu 80% em comparação com o ano passado.

Disponível em: http://glo.bo/3IOnTWc. Acesso em: 19 jul. 2022.

Essas manchetes se referem a diferentes fatos, mas todas elas tratam de um bem comum: a água. É preciso cuidar desse recurso para ele não se esgotar, mesmo que o Brasil seja um dos países com o maior recurso hídrico do mundo.

Como podemos medir o volume de água?

Para responder a essa pergunta, é necessário retomar algumas ideias já vistas anteriormente.

Sabemos que todos os corpos ocupam um lugar no espaço.

Escultura em praça nos Estados Unidos.

Cubo mágico.

Caixa.

Dado.

Veja na primeira foto duas esculturas que lembram esferas, outras que lembram paralelepípedos e prismas.

Observe também o dado e o cubo mágico, na forma de cubos.

A caixa lembra um prisma de base retangular ou paralelepípedo.

Medidas de volume

O cubo tem três dimensões: comprimento, largura e altura. Essas dimensões são as medidas das arestas, que no cubo são iguais.

O metro cúbico é o espaço ocupado por um cubo com 1 metro de aresta.

O símbolo da unidade de medida chamada **metro cúbico** é representado por **m³**.

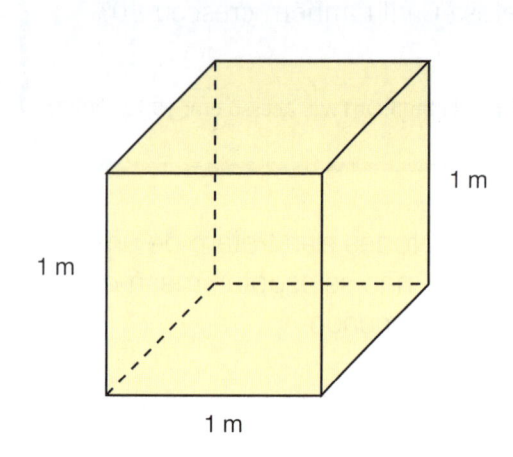

$V = 1\,m \times 1\,m \times 1\,m$

$V = 1\,m^3$

Você acha que uma caixa de isopor, com 1 m³ de volume, cabe na sua mochila?

Volume é o espaço ocupado por um corpo, e ele pode ser medido.

A unidade padrão para medir o volume é o **metro cúbico**.

Múltiplos do metro cúbico

decâmetro cúbico 1 dam³ = 1 000 m³

hectômetro cúbico 1 hm³ = 1 000 000 m³

quilômetro cúbico 1 km³ = 1 000 000 000 m³

As unidades menores que o metro cúbico são os **submúltiplos** do metro cúbico.

Submúltiplos do metro cúbico

decímetro cúbico 1 dm³ = 0,001 m³

centímetro cúbico 1 cm³ = 0,000001 m³

milímetro cúbico 1 mm³ = 0,000000001 m³

As medidas de volume variam de 1 000 em 1 000, isto é, uma unidade é 1 000 vezes maior que a unidade imediatamente inferior.

Observe o quadro.

Múltiplos	quilômetro cúbico	km³	1 000 000 000 m³
	hectômetro cúbico	hm³	1 000 000 m³
	decâmetro cúbico	dam³	1 000 m³
	metro cúbico	m³	1 m³
Submúltiplos	decímetro cúbico	dm³	0,001 m³
	centímetro cúbico	cm³	0,000001 m³
	milímetro cúbico	mm³	0,000000001 m³

Leitura e representação

Como as medidas de volume variam de 1 000 em 1 000, as representações decimais que as exprimem devem ser escritas com 3 algarismos para cada unidade de ordem.

Observe este exemplo no quadro de ordens.

3,120875 dam³

km³	hm³	dam³	m³	dm³	cm³	mm³
		3,	120	875		

3,120875 dam³ equivalem a 3 dam³ e 120 875 dm³.

Lê-se: três decâmetros cúbicos e cento e vinte mil, oitocentos e setenta e cinco decímetros cúbicos.

Vamos agora representar 3,246 m³ e 73,120875 km³ no quadro de ordens e escrever como se faz a leitura de cada um.

	km³	hm³	dam³	m³	dm³	cm³	mm³	Leitura
3,246 m³				3,	246			3 metros cúbicos e 246 decímetros cúbicos
73,120875 km³	73,	120	875					73 quilômetros cúbicos e 120 875 decâmetros cúbicos

Lê-se primeiro a parte inteira com a unidade indicada e, a seguir, divide-se a parte decimal em grupos de três algarismos, acompanhada da denominação da última ordem indicada.

Transformação de unidades

Para transformar uma unidade de medida de volume superior em uma unidade imediatamente inferior, multiplica-se por 1 000, deslocando-se a vírgula 3 ordens para a direita.

Exemplos:

- 4 dam³ em m³ ⟶ 4 dam³ = 4 × 1 000 = 4 000 m³.

- 3,148 m³ em cm³ ⟶ 3,148 m³ = 3,148 × 1 000 000 = 3 148 000 cm³.

- 5,2 km³ em m³ ⟶ 5,2 km³ = 5,2 × 1 000 000 000 = 5 200 000 000 m³.

Esquema prático:

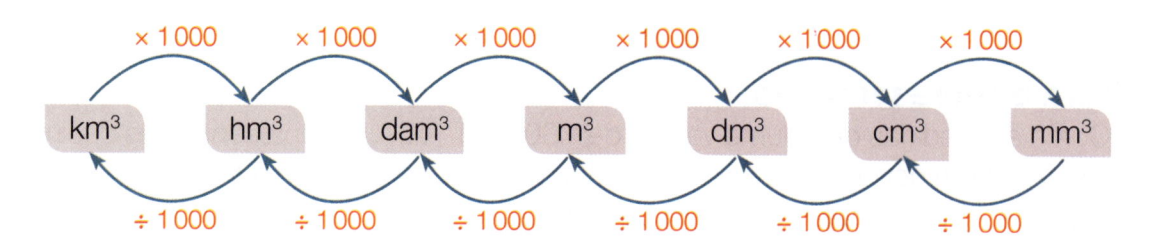

× 1 000   × 1 000   × 1 000   × 1 000   × 1 000   × 1 000

km³   hm³   dam³   m³   dm³   cm³   mm³

÷ 1 000   ÷ 1 000   ÷ 1 000   ÷ 1 000   ÷ 1 000   ÷ 1 000

Volume do cubo e do paralelepípedo

Cubo

A unidade padrão da medida de volume, o **metro cúbico**, foi definida como o volume ocupado por um cubo de 1 metro de aresta.

O volume de um corpo é igual à quantidade de metros cúbicos que cabem nesse corpo.

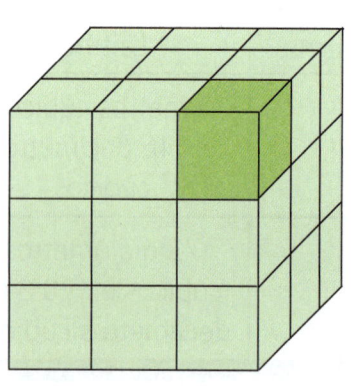

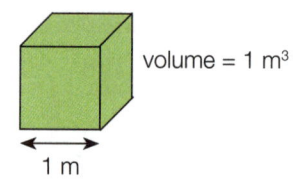

volume = 1 m³
1 m

O volume do cubo maior é 27 m³ e pode ser obtido pelo produto das suas três dimensões.

V = 3 m × 3 m × 3 m
V = 27 m³

244

Paralelepípedo

O paralelepípedo também tem três dimensões: comprimento, largura e altura.

O volume do paralelepípedo é dado pelo número de vezes que o metro cúbico cabe nesse volume e pode ser obtido pelo produto das suas três dimensões.

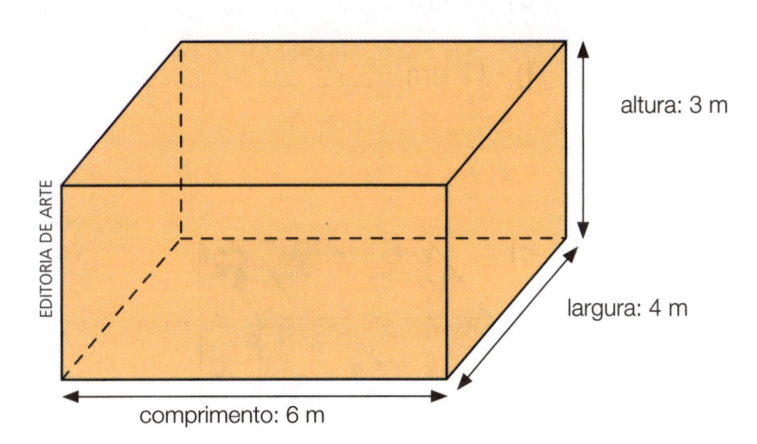

altura: 3 m
largura: 4 m
comprimento: 6 m

$V = 6\,m \times 4\,m \times 3\,m$
$V = 72\,m^3$

ATIVIDADES

1 Calcule o volume usando as medidas indicadas nas figuras.

a) 5 m, 5 m, 5 m

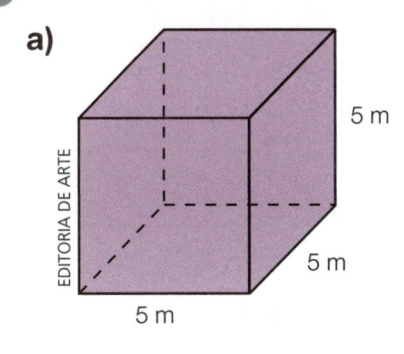

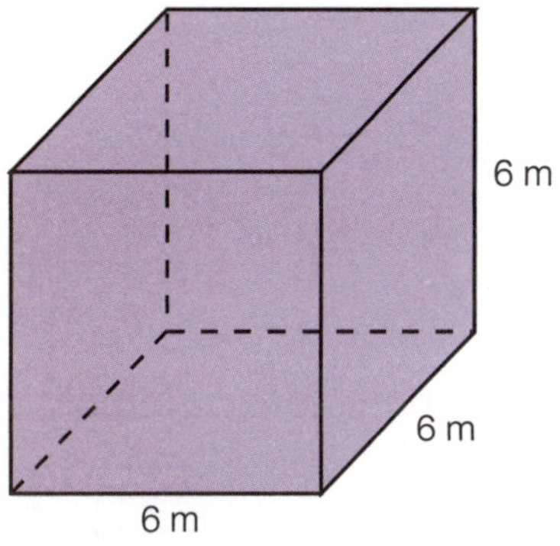

b) 18 dm, 18 dm, 18 dm

c) 6 m, 6 m, 6 m

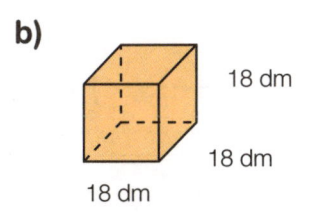

d) 1,5 m, 1,5 m, 1,5 m

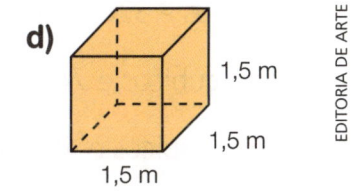

2 Calcule o volume dos cubos com as seguintes arestas.

a) 4 cm _____   d) 1,7 cm _____

b) 8 dm _____   e) 10 cm _____

c) 16 cm _____   f) 12 dm _____

3 Calcule o volume destes paralelepípedos.

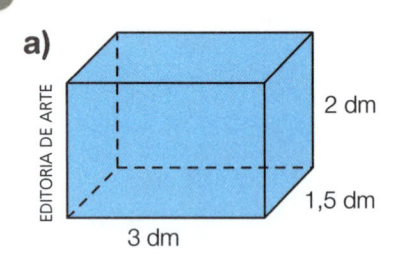

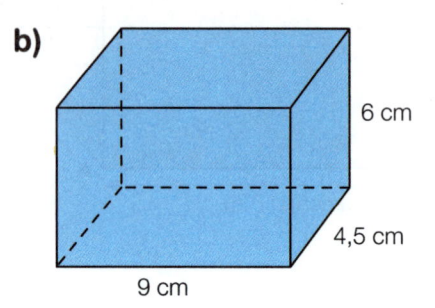

a) 3 dm × 1,5 dm × 2 dm

_____

b) 9 cm × 4,5 cm × 6 cm

_____

4 Escreva por extenso.

12 hm³ ⟶ Doze hectômetros cúbicos

a) 8 km³ ⟶ _____   d) 5 mm³ ⟶ _____

b) 24 m³ ⟶ _____   e) 37 cm³ ⟶ _____

c) 6 dm³ ⟶ _____   f) 12 dam³ ⟶ _____

5 Represente com o símbolo correspondente, conforme o exemplo.

73 decâmetros cúbicos: 73 dam³

a) 2 metros cúbicos e 326 decímetros cúbicos: _____

b) 5 decâmetros cúbicos e 749 metros cúbicos: _____

c) 36 decímetros cúbicos e 454 centímetros cúbicos: _____

d) 648 centímetros cúbicos e 7 milímetros cúbicos: _____

e) 4 hectômetros cúbicos e 729 decâmetros cúbicos: _____

6 Observe o exemplo e complete o quadro transformando em metros cúbicos as medidas indicadas.

	km³	hm³	dam³	m³	dm³	cm³	mm³	
5,38 hm³		5	380	000				5 380 000 m³
17,6 km³								
8,1 hm³								
32,45 hm³								
6,5 dam³								
40 km³								
3,8 km³								

7 Faça as transformações destas medidas.

a) 6 m³ = _____ dm³

b) 4,172830 dam³ = _____ m³

c) 82,5 hm³ = _____ dam³

d) 5,975 hm³ = _____ m³

e) 9,3 dm³ = _____ cm³

f) 3 cm³ = _____ mm³

PROBLEMAS

1 Qual é o volume de um paralelepípedo de 8 m de comprimento, 6 m de largura e 4 m de altura?

Resposta: _____

2 Qual é o volume de uma caixa cúbica de 8,4 m de aresta?

Resposta: _____

3 Uma sala tem comprimento de 8,50 m, largura de 6 m e altura com a metade da medida da largura. Qual é o volume da sala?

Resposta: _____

4 Um reservatório de água tem estas medidas internas: 4,50 m de comprimento, 4 m de largura, sendo a altura igual à terça parte do comprimento. Quantos m³ de água o reservatório pode conter quando totalmente cheio?

Resposta: _____

5 Qual é o volume de um cubo de 6,5 cm de aresta?

Resposta: _____

6 Em um salão, 250 blocos iguais de cimento estão arrumados numa pilha de 10 m de comprimento, 6 m de largura e 8 m de altura. Qual é o volume de cada bloco?

Resposta: _____

Medidas de capacidade

Água, leite, refrigerante, café e outros líquidos são vendidos e consumidos em diferentes recipientes.

A quantidade de líquido que cabe num recipiente é chamada de **capacidade**.

> A unidade padrão para medir capacidade é o **litro**.
> O símbolo é **L**.

Para medir grandes quantidades de líquidos, usamos unidades de medida maiores que o litro: os **múltiplos do litro**.

Múltiplos do litro

decalitro   1 daL = 10 L

hectolitro   1 hL = 100 L

quilolitro   1 kL = 1 000 L

daL: 10 vezes maior que o litro.
hL: 100 vezes maior que o litro.
kL: 1 000 vezes maior que o litro.

Para medir pequenas quantidades de líquidos ou gases, usamos unidades de medida menores que o litro: os **submúltiplos do litro**.

Submúltiplos do litro

decilitro   1 dL = 0,1 L

centilitro   1 cL = 0,01 L

mililitro   1 mL = 0,001 L

dL: 10 vezes menor que o litro.
cL: 100 vezes menor que o litro.
mL: 1 000 vezes menor que o litro.

Observe o quadro.

MÚLTIPLOS				SUBMÚLTIPLOS		
kL	hL	daL	L	dL	cL	mL
1 000 L	100 L	10 L	1 L	0,1 L	0,01 L	0,001 L

Cada unidade de medida de capacidade é 10 vezes maior que a unidade imediatamente inferior; as unidades variam de 10 em 10.

Leitura e representação

Observe, no quadro abaixo, a representação e a leitura de algumas medidas.

	MÚLTIPLOS				SUBMÚLTIPLOS			LEITURA
	kL	hL	daL	L	dL	cL	mL	
2,35 daL			2,	3	5			dois decalitros e trinta e cinco decilitros
6,47 hL		6,	4	7				seis hectolitros e quarenta e sete litros
5,26 L				5,	2	6		cinco litros e vinte e seis centilitros
0,004 L				0,	0	0	4	quatro mililitros

Lê-se primeiro a parte inteira com a unidade indicada e, a seguir, a parte decimal acompanhada da denominação da última ordem indicada.

Transformações de unidades

Para transformar medidas de capacidade de uma unidade para outra, observe os exemplos.

	kL	hL	daL	L	dL	cL	mL	
2 kL em L	2	0	0	0				2 × 1 000 = 2 000 L
6,4 hL em L		6	4	0				6,4 × 100 = 640 L
8,56 L em mL				8	5	6	0	8,56 × 1 000 = 8 560 mL

	kL	hL	daL	L	dL	cL	mL	
3 200 L em kL	3,	2	0	0				3 200 ÷ 1 000 = 3,200 kL
6,3 L em hL		0,	0	6	3			6,3 ÷ 100 = 0,063 hL
26,8 dL em L				2,	6	8		26,8 ÷ 10 = 2,68 L

Esquema prático

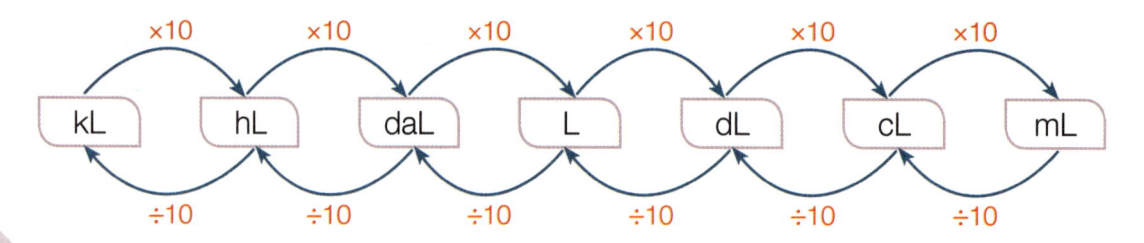

kL →×10→ hL →×10→ daL →×10→ L →×10→ dL →×10→ cL →×10→ mL

kL ←÷10← hL ←÷10← daL ←÷10← L ←÷10← dL ←÷10← cL ←÷10← mL

Relação entre as medidas de capacidade e de volume

As medidas de capacidade se relacionam com as medidas de volume.

Faça uma experiência. Você vai precisar de uma caixa cúbica, sem tampa e com 1 dm (10 cm) de aresta. Vai precisar também de uma vasilha com 1 litro de água.

Despeje a água na caixa.

Você deve ter enchido totalmente a caixa com a água.

Esta é a principal relação entre as medidas de capacidade e de volume.

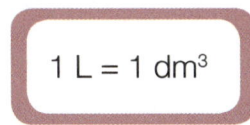

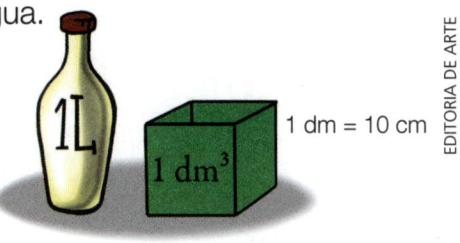

$1 \text{ L} = 1 \text{ dm}^3$

1 dm = 10 cm

Veja as equivalências.

$1 \text{ m}^3 = 1\,000 \text{ dm}^3 = 1\,000 \text{ L}$

Vamos apresentar um exemplo de situação em que usamos essa transformação de **metro cúbico** (m^3) para **litros**.

Um reservatório de água tem a forma e as medidas indicadas na figura ao lado. Precisamos saber quantos litros de água cabem nesse reservatório.

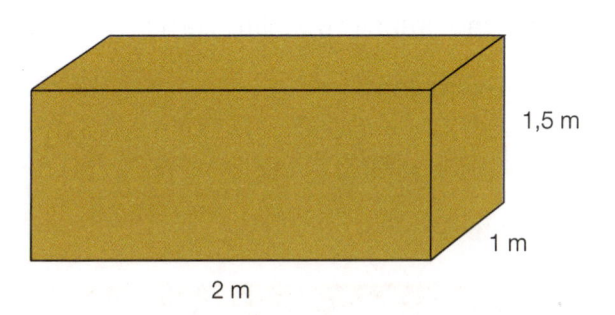

1,5 m
1 m
2 m

Para calcular o volume do reservatório, basta multiplicar suas três dimensões.

$V = 2 \text{ m} \times 1 \text{ m} \times 1,5 \text{ m}$ $V = 3 \text{ m}^3$

Esse reservatório tem 3 m³ de volume. Transformando em litros:

$3 \text{ m}^3 = 3\,000 \text{ dm}^3 = 3\,000 \text{ L}$

Cabem, nesse reservatório, então, 3 000 litros de água.

Quantos litros de água você gasta para tomar banho?

Observe a relação entre as medidas de volume mais utilizadas com o litro (L):

- 1 metro cúbico (m^3) corresponde à capacidade de 1 000 litros (L);
- 1 decímetro cúbico (dm^3) corresponde à capacidade de 1 litro (L);
- 1 centímetro cúbico (cm^3) corresponde à capacidade de 1 mililitro (mL).

$$1\ m^3 = 1\,000\ L$$
$$1\ dm^3 = 1\ L$$
$$1\ cm^3 = 1\ mL$$

Regra prática

- Para transformar metros cúbicos em litros, multiplica-se por 1 000.

  Exemplos:
  $3\ m^3 = (3 \times 1\,000)\ dm^3 = 3\,000\ dm^3 = 3\,000\ L$
  $4,5\ m^3 = (4,5 \times 1\,000)\ dm^3 = 4\,500\ dm^3 = 4\,500\ L$

- Para transformar litros em metros cúbicos, divide-se por 1 000.

  Exemplos:
  $6\,000\ L = (6\,000 \div 1\,000)\ m^3 = 6\ m^3$
  $250\ L = (250 \div 1\,000)\ m^3 = 0,250\ m^3$

PARA SE DIVERTIR

Vamos confirmar esta igualdade com outra experiência.

$1\ dm^3 = 1\ L$

Pegue uma embalagem longa vida de suco ou leite, meça seu comprimento, largura e altura.

Com esses dados, calcule o volume da embalagem e responda: É verdade que $1\ dm^3$ é igual a 1 litro?

ATIVIDADES

1 Escreva estas medidas por extenso. Siga o exemplo.

> 8,3 kL ⟶ 8 quilolitros e 3 hectolitros

a) 9,4 daL _____

b) 0,63 L _____

c) 5,20 L _____

d) 12,6 hL _____

e) 5 mL _____

f) 2,4 daL _____

2 Decomponha as medidas indicadas, como no exemplo.

> 8,32 kL ⟶ 8 kL   3 hL   2 daL

a) 5,276 hL _____   d) 7,54 dL _____

b) 4,193 kL _____   e) 2,285 L _____

c) 6,47 daL _____   f) 3,4 cL _____

3 Efetue as operações.

a) 13,4 L + 6 L + 8,5 L + 0,4 L _____

b) 36,4 L − 9,8 L _____

c) 243 L × 0,6 _____

d) $\frac{1}{3}$ de 480 L _____

e) 16,9 L + 1,37 L + 0,300 L + 26 L _____

f) 68 L − 7,2 L _____

4 Represente estas medidas com símbolos, como no exemplo.

> 62 litros e 4 decilitros ⟶ 62,4 L

a) 10 litros e 15 centilitros _____

b) 3 quilolitros e 8 hectolitros _____

c) 25 hectolitros e 6 decalitros _____

d) 8 centilitros e 3 mililitros _____

e) 17 litros e 9 decilitros _____

f) 3 decalitros e 25 decilitros _____

5 Transforme as medidas abaixo em mililitros (mL).

a) 2,18 L _____

b) 8 L _____

c) 5,64 L _____

d) 0,02 L _____

e) 6 L _____

f) 34 L _____

g) 6,8 L _____

h) 272,3 L _____

i) 1,35 L _____

j) 4,8 L _____

6 Transforme mentalmente metros cúbicos em litros e escreva o resultado.

a) 9 m³ em L _____

b) 6,7 m³ em L _____

c) 0,3 m³ em L _____

d) 15 m³ em L _____

e) 0,200 m³ em L _____

f) 5,250 m³ em L _____

g) 0,007 m³ em L _____

h) 96,4 m³ em L _____

i) 10 m³ em L _____

j) 0,080 m³ em L _____

k) 0,85 m³ em L _____

l) 62,79 m³ em L _____

7 Transforme litros em metros cúbicos.

a) 7 000 L em m³ _____

b) 5 L em m³ _____

c) 2 L em m³ _____

d) 34 L em m³ _____

e) 683 L em m³ _____

f) 76 L em m³ _____

g) 43 100 L em m³ _____

h) 276 L em m³ _____

i) 14 300 L em m³ _____

j) 75 947 L em m³ _____

PROBLEMAS

1 Uma caixa-d'água tem capacidade de 3 m³. Quantos litros ela tem capacidade de armazenar?

Resposta: _____

2 Um depósito contém 350 L de suco. Quantos garrafões de 5 L podem ser enchidos com esse suco?

Resposta: _____

3 Com 345 L de suco de uva encheram-se vasilhas de 1,5 L. Quantas vasilhas foram enchidas?

Resposta: _____

4 Luísa colocou 8 L de água em vasilhas de 250 mL. Quantas vasilhas Luísa usou?

Resposta: _____

5 Maria gasta 0,5 L de álcool por semana. Quanto gastará em 8 semanas?

Resposta: _____

6 A quantos litros correspondem 15 m³ de água?

Resposta: _____

7 De um depósito com 28 dm³ de suco, foram vendidos 12 L. Quantos litros de suco não foram vendidos?

Resposta: _____

8 Quantos litros de água cabem em um tanque que mede 10 m de comprimento, 8 m de largura e 6 m de altura? Dê a resposta também em metros cúbicos.

Resposta: _____

INFORMAÇÃO E ESTATÍSTICA

Matemática e economia para o planeta

Você pode não perceber, mas ao comer um sanduíche, ao vestir o seu uniforme, ao comer um bife, você está consumindo água.

Leia a seguir um quadro publicado na revista *Veja*, em um especial sobre Sustentabilidade. Descubra quanto de água usamos no dia a dia sem nem perceber.

A água que ninguém vê

De uma simples camiseta ao bife consumido no almoço, todos os produtos — sejam eles agropecuários, sejam industriais — embutem um grande volume de água, usada direta ou indiretamente na cadeia produtiva. É a chamada água virtual.

Produção / Água consumida na produção – em litros

- 1 kg de carne bovina: 15 500
- 1 par de sapatos de couro: 8 000
- 1 hambúrguer: 2 400
- 1 camiseta de algodão: 2 000
- 1 xícara de café: 140
- 1 taça de vinho: 120

Fonte: Hans Schreier, Les Lavkulich and Sandra Brown / Water Footprint Network / FAO / Unesco

Revista *Veja*. Especial Sustentabilidade, 22 dez. 2010, p. 75.

Utilizando as informações do cartaz sobre o consumo de água, responda.

1 Quantos litros de água são consumidos na produção de 1 kg de carne? _____

2 Calcule quantos litros de água são consumidos na produção de 10 pares de sapatos e na produção de 200 hambúrgueres.

_____

3 Quantos litros de água são gastos na produção de uma camiseta? _____

4 Em qual dos produtos o consumo de água é maior? _____

5 Quantos litros de água são gastos a mais na produção de 1 par de sapatos do que na produção de 1 hambúrguer? _____

LIÇÃO 23 — MEDIDAS DE MASSA

Massa

Além de medir o volume de um corpo, podemos medir também a sua **massa**.

A **massa** de um corpo é popularmente chamada de "peso" e corresponde à quantidade de matéria que compõe esse corpo.

O instrumento usado para medir massa é a **balança**.

Veja alguns exemplos de balanças.

Balança de precisão usada em laboratórios.

Balança usada em supermercados.

Báscula – para "pesar" caminhões.

Balança doméstica para "pesar" pessoas.

> A unidade fundamental de medida de massa é o **quilograma**, popularmente chamado de **quilo**.

O símbolo do quilograma é **kg**.
O quilograma possui apenas submúltiplos.

- Quilograma ⟶ kg
- Hectograma ⟶ hg
- Decagrama ⟶ dag
- Grama ⟶ g

- Decigrama ⟶ dg
- Centigrama ⟶ cg
- Miligrama ⟶ mg

kg	hg	dag	g	dg	cg	mg
1 000 g	100 g	10 g	1 g	0,1 g	0,01 g	0,001 g

Leitura e representação

	kg	hg	dag	g	dg	cg	mg	Leitura
2 kg	2							Dois quilogramas
1,5 kg	1,	5						Um quilograma e cinco hectogramas
350 g		3	5	0				Trezentos e cinquenta gramas
3 mg				0,	0	0	3	três miligramas

1 quilograma tem 1 000 gramas.
O símbolo do grama é g: 1,5 kg = 1,500 kg
Lê-se: um quilograma e quinhentos gramas ou, ainda, um quilo e meio.

Transformação de unidades

Para transformar medidas de massa de uma unidade para outra, observe os exemplos.

	kg	hg	dag	g	dg	cg	mg	
3 kg em g	3	0	0	0				3 × 1 000 = 3 000 g
0,25 kg em g	0	2	5	0				0,250 × 1 000 = 250 g
35 dag em dg		3	5	0	0			35 × 100 = 3 500 dg
4 dag em kg	0	0	4					4 ÷ 100 = 0,04 kg

Esquema prático

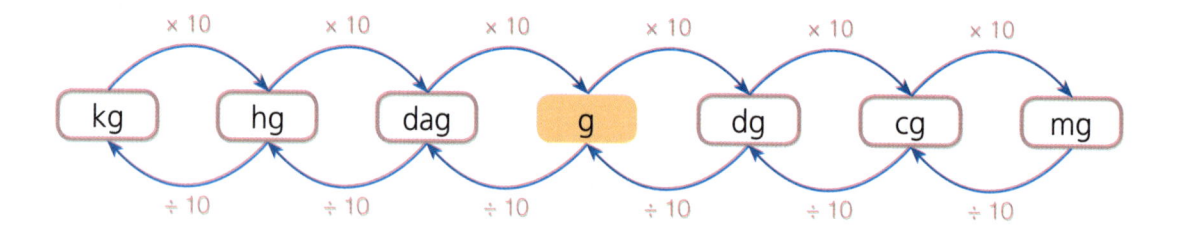

kg ⇄ hg ⇄ dag ⇄ g ⇄ dg ⇄ cg ⇄ mg (× 10 para a direita, ÷ 10 para a esquerda)

Observe.

- Para transformar uma unidade superior em uma unidade imediatamente inferior, multiplica-se por 10, ou seja, desloca-se a vírgula uma ordem decimal para a direita e completa-se com zeros quando necessário.

- Para transformar uma unidade inferior em uma unidade imediatamente superior, divide-se por 10, ou seja, desloca-se a vírgula uma ordem decimal para a esquerda e completa-se com zeros quando necessário.

Para medir grandes quantidades de massa, como cargas de navios, de caminhões e de toras de madeira, usamos a **tonelada**.

O símbolo da tonelada é **t**.

$$1\ t = 1\ 000\ kg$$

Outra unidade muito usada para pesar gado, algodão e café, por exemplo, é a **arroba**.

Uma arroba vale, aproximadamente, 15 kg.

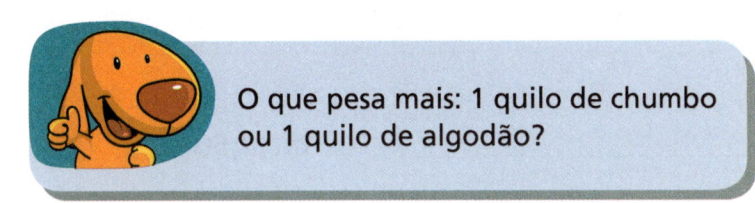

> O que pesa mais: 1 quilo de chumbo ou 1 quilo de algodão?

Para medir pedras e metais preciosos usamos o **quilate**, que equivale a 0,2 g ou 2 dg (dois decigramas).

ATIVIDADES

1 Escreva o número que completa as frases.

a) 3 quilogramas têm _____ gramas.

b) $\frac{1}{4}$ de kg é igual a _____ gramas.

c) Meia tonelada é igual a _____ quilogramas.

d) $\frac{3}{4}$ de kg são _____ gramas.

e) 5 arrobas têm _____ quilogramas.

f) 2 000 gramas têm _____ quilogramas.

g) $\frac{2}{4}$ de quilograma têm _____ gramas.

h) 1 kg tem _____ gramas.

2 Decomponha as medidas. Veja o exemplo.

4,75 kg ⟶ 4 kg 7 hg 5 dag

Agora é a sua vez.

a) 5,326 g _____   c) 7,54 dg _____

b) 9,631 dag _____   d) 4,15 kg _____

3 Escreva como se lê as medidas indicadas.

> 5,26 kg ⟶ 5 quilogramas e 26 decagramas

a) 6,4 cg _____

b) 80,015 g _____

c) 12,50 hg _____

d) 9,33 dag _____

4 Observe as peças. Agrupe-as de 3 maneiras diferentes, de forma a compor 1 kg. Desenhe as soluções nos quadros.

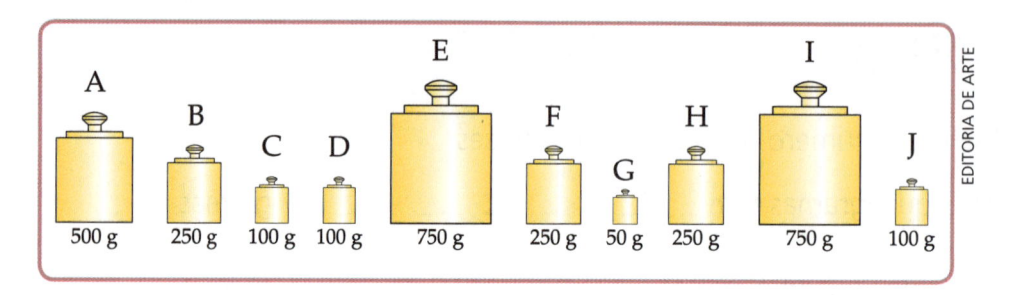

A – 500 g
B – 250 g
C – 100 g
D – 100 g
E – 750 g
F – 250 g
G – 50 g
H – 250 g
I – 750 g
J – 100 g

1º grupo

2º grupo

3º grupo

5 Faça as transformações de unidades indicadas.

a) 6,72 g para hg _____

b) 38,4 dag para kg _____

c) 0,25 kg para g _____

d) 8 g para kg _____

e) 0,577 g para cg _____

f) 436 g para kg _____

g) 23,725 mg para dag _____

h) 62 mg para g _____

i) 0,07 g para mg _____

j) 46,398 kg para g _____

k) 0,58 g para kg _____

l) 8 kg para g _____

6 Transforme em gramas as medidas indicadas.

kg	hg	dag	g	dg	cg	mg

a) 6 kg = _____ g

b) 0,45 hg = _____ g

c) 180 mg = _____ g

d) 72,9 cg = _____ g

e) 2,36 dag = _____ g

f) 375 cg = _____ g

DESAFIO

Em duplas, ajudem os turistas a solucionar o problema.

Há 7 turistas, uma bicicleta e uma prancha de surfe em uma praia. Eles querem visitar uma outra praia que fica no lado oposto, mas para isso precisam ir de barco.

O barco carrega até 200 kg, além do barqueiro, e só pode fazer 2 viagens. Porém temos alguns problemas.

- A mãe não quer ir sem o filho.
- O surfista não larga a prancha.
- Os amigos viajam juntos.
- O homem não se incomoda com quem vai.
- O garoto quer levar sua bicicleta.

Veja os pesos das pessoas, da prancha e da bicicleta:

Mãe: 59 kg

Filho: 30 kg

Surfista: 80 kg

Prancha: 5 kg

Um amigo: 45 kg

Outro amigo: 52 kg

Homem: 95 kg

Garoto: 20 kg

Bicicleta: 6 kg

Tendo todos os dados, ajude a resolver o problema dos turistas.

LIÇÃO 24 — MEDIDAS DE TEMPO

O dia e o ano

O tempo pode ser contado e medido de diferentes maneiras.

Para medir o tempo, as pessoas instituíram como principais unidades de medida o dia e o ano.

O tempo que a Terra leva para realizar o **movimento de rotação**, ou seja, dar uma volta completa sobre o próprio eixo, dura 24 horas e é chamado de **dia**.

O tempo que a Terra leva para realizar o **movimento de translação**, ou seja, dar uma volta completa ao redor do Sol, é de 365 dias e um quarto de dia, e é chamado de **ano**.

Movimento de rotação da Terra.

Movimento de translação da Terra.

Contamos o ano em 365 dias e mais um quarto de dia.
Assim, de 4 em 4 anos, os quartos de dia acumulados formam 1 dia a mais. O ano ao qual se soma esse dia é formado por 366 dias e é chamado de **ano bissexto**.

Pense!

- Quantos dias tem o mês de fevereiro no ano bissexto?
- E nos outros anos?
- Por que isso acontece?

O calendário

Vários povos antigos desenvolveram maneiras diferentes de contar o tempo. Mas, provavelmente, os romanos foram os primeiros a organizar essa contagem criando um calendário.

Ele não era muito preciso porque se baseava apenas nos movimentos da Lua, possuindo 12 meses com 29 ou 30 dias, totalizando 354 dias no ano.

Em torno do ano 44 antes de Cristo, o imperador Júlio César, com a ajuda de matemáticos egípcios, criou um calendário solar, que era quase igual ao que usamos hoje, com 12 meses de 30 dias.

Disponível em: https://bit.ly/3IOrW55. Acesso em: 19 jul. 2022.

Observe no quadro abaixo os meses e a quantidade de dias de cada um.

Nos anos bissextos, fevereiro tem 29 dias.

MESES DO ANO	
Meses	Quantidade de dias
janeiro	31 dias
fevereiro	28 dias
março	31 dias
abril	30 dias
maio	31 dias
junho	30 dias
julho	31 dias
agosto	31 dias
setembro	30 dias
outubro	31 dias
novembro	30 dias
dezembro	31 dias

Comente com os colegas sobre as diferenças entre o calendário do texto acima e o calendário que utilizamos hoje.

Reúna-se em grupos e faça uma pesquisa sobre outros tipos de calendários existentes.

Para contar o tempo decorrido e poder localizar datas, as pessoas criaram o calendário, no qual o ano é dividido em 12 meses, e as semanas têm 7 dias.

O TEMPO CONTADO DE MANEIRA DIFERENTE	
semana	7 dias
quinzena	15 dias
mês	28, 29, 30 ou 31 dias
mês comercial	30 dias
bimestre	2 meses
trimestre	3 meses
semestre	6 meses
ano	365 ou 366 dias
biênio	2 anos
triênio	3 anos
quadriênio	4 anos
quinquênio ou lustro	5 anos
decênio ou década	10 anos
século	100 anos
milênio	1 000 anos

Você sabia que se considera o **mês comercial** de 30 dias mesmo que o mês tenha 31, 29 ou 28 dias?

Unidades menores que o dia

Quanto tempo levo para ir à escola?

Quanto tempo levo para resolver esta multiplicação?

ILUSTRAÇÕES: MARCELO GAGLIANO

Para medir o tempo gasto nas atividades diárias, usamos unidades de medida menores que o dia: a **hora**, o **minuto** e o **segundo**.

- Dividimos o **dia** em 24 partes iguais e a cada parte damos o nome de **hora** (h).
- Dividimos a hora em 60 partes iguais e a cada parte damos o nome de **minuto** (min).
- Dividimos o minuto em 60 partes iguais e a cada parte damos o nome de **segundo** (s).

Para medir o tempo em horas, minutos e segundos, usamos o **relógio**.

- O **ponteiro pequeno** indica as **horas**.
- O **ponteiro grande** indica os **minutos**.
- Em muitos relógios, um outro ponteiro, mais longo e mais fino, indica os **segundos**.

O **segundo** é a unidade fundamental de medida de tempo.

- O dia tem 24 horas.
- Em 1 hora temos 60 minutos.
- Em 1 minuto temos 60 segundos.

Leitura e representação

Vamos escrever e representar o tempo marcado no relógio acima.

2 horas, 15 minutos e 30 segundos, ou 2 h 15 min 30 s.

As medidas de tempo não são decimais. Por isso, não usamos a vírgula para representá-las. Elas são contadas de 60 em 60.

Transformação de unidades

Para transformar unidades de medidas de tempo em horas, minutos e segundos, multiplicamos ou dividimos por 60.

Esquema prático

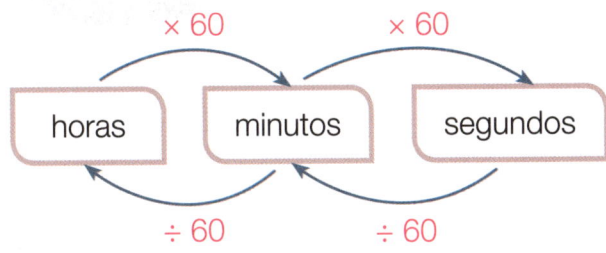

horas ×60→ minutos ×60→ segundos
horas ←÷60 minutos ←÷60 segundos

ATIVIDADES

1 Agora, pense e responda.

a) Quais são as unidades de tempo indicadas pelos ponteiros dos relógios?

_____

b) Quantos segundos há em um minuto? _____

c) Quantos minutos há em uma hora? _____

d) Quantos segundos há em uma hora? _____

2 Escreva as horas marcadas nos relógios.

a)

c)

b)

d)

3 Observe a forma abreviada para escrever as horas:

> 5 horas e 45 minutos ⟶ 5h45

Agora faça o mesmo.

a) 3 horas, 20 minutos e 15 segundos _____

b) 10 horas e 5 minutos _____

c) 25 minutos _____

d) 11 horas, 40 minutos e 35 segundos _____

e) 6 horas, 50 minutos e 55 segundos _____

4 Responda quantos dias, meses e anos há em:

a) 45 dias _____

b) 90 dias _____

c) 180 dias _____

d) 250 dias _____

e) 60 meses _____

f) 86 meses _____

g) 4 anos _____

h) 2 anos e 6 meses _____

i) 7 semanas _____

j) 3 semanas e 15 dias _____

k) 9 meses _____

l) 6 meses e 7 dias _____

5 Complete as frases.

a) Um biênio são _____ anos.

b) _____ horas são 180 minutos.

c) Cinco décadas são _____ anos.

d) Dois trimestres são _____ dias.

e) Duas quinzenas são _____ dias.

f) _____ meses formam 3 semestres.

g) Três dias são _____ horas.

h) Duas semanas são _____ dias.

6 Com uma calculadora, converta em segundos.

a) 2 min = _____ s

b) 8 min = _____ s

c) 5 min = _____ s

d) 12 min = _____ s

e) 3 min 25 s = _____ s

f) 8 min 45 s = _____ s

g) 4 min 10 s = _____ s

h) 1 min 15 s = _____ s

7 Complete.

a) 1 hora ⟶ 60 minutos

b) $\frac{1}{2}$ hora ⟶ _____

c) $\frac{1}{4}$ de hora ⟶ _____

d) $\frac{3}{4}$ de hora ⟶ _____

e) $\frac{1}{2}$ dia ⟶ _____

f) $\frac{1}{4}$ do dia ⟶ _____

O relógio digital faz uso de pulsos elétricos para medir as horas.

8 Faça as transformações de unidades solicitadas. Veja o exemplo.

2 horas e 25 minutos em minutos ⟶ (2 × 60) + 25 = 145 minutos

a) 5 horas em minutos ⟶ _____ min

b) 8 minutos em segundos ⟶ _____ s

c) 4 horas e 20 minutos em minutos ⟶ _____ min

d) 15 minutos em segundos ⟶ _____ s

e) 6 minutos e 25 segundos em segundos ⟶ _____ s

f) 10 horas e 5 minutos em minutos ⟶ _____ min

PROBLEMAS

1 Quanto recebe por ano um empregado que ganha R$ 1.200,00 por mês?

Resposta: _____

2 Alice fez uma viagem que durou 8 semanas. Quantos dias ela passou viajando?

Resposta: _____

3 Uma fonte fornece 80 litros de água por minuto. Quantos litros fornece em duas horas?

Resposta: _____

4 Samira recebe R$ 420,00 por semana. Quanto receberá em um mês? E em um trimestre?

Resposta: _____

5 No ano de 2020 o Brasil contou quantos anos da chegada dos portugueses?

Resposta: _____

6 Trabalhei durante 6 horas e meia. Quantos minutos trabalhei?

Resposta: _____

7 Correndo a uma velocidade média de 60 km por hora, quantas horas uma motocicleta gastará para fazer uma viagem de 480 km?

Resposta: _____

8 Um relógio atrasa 6 minutos a cada hora. Calcule os minutos que terá atrasado em 2 dias.

Resposta: _____

Coleção Eu gosto m@is

ALMANAQUE

TRIÂNGULOS

Triângulos para a atividade 3 da lição 10 (página 128).

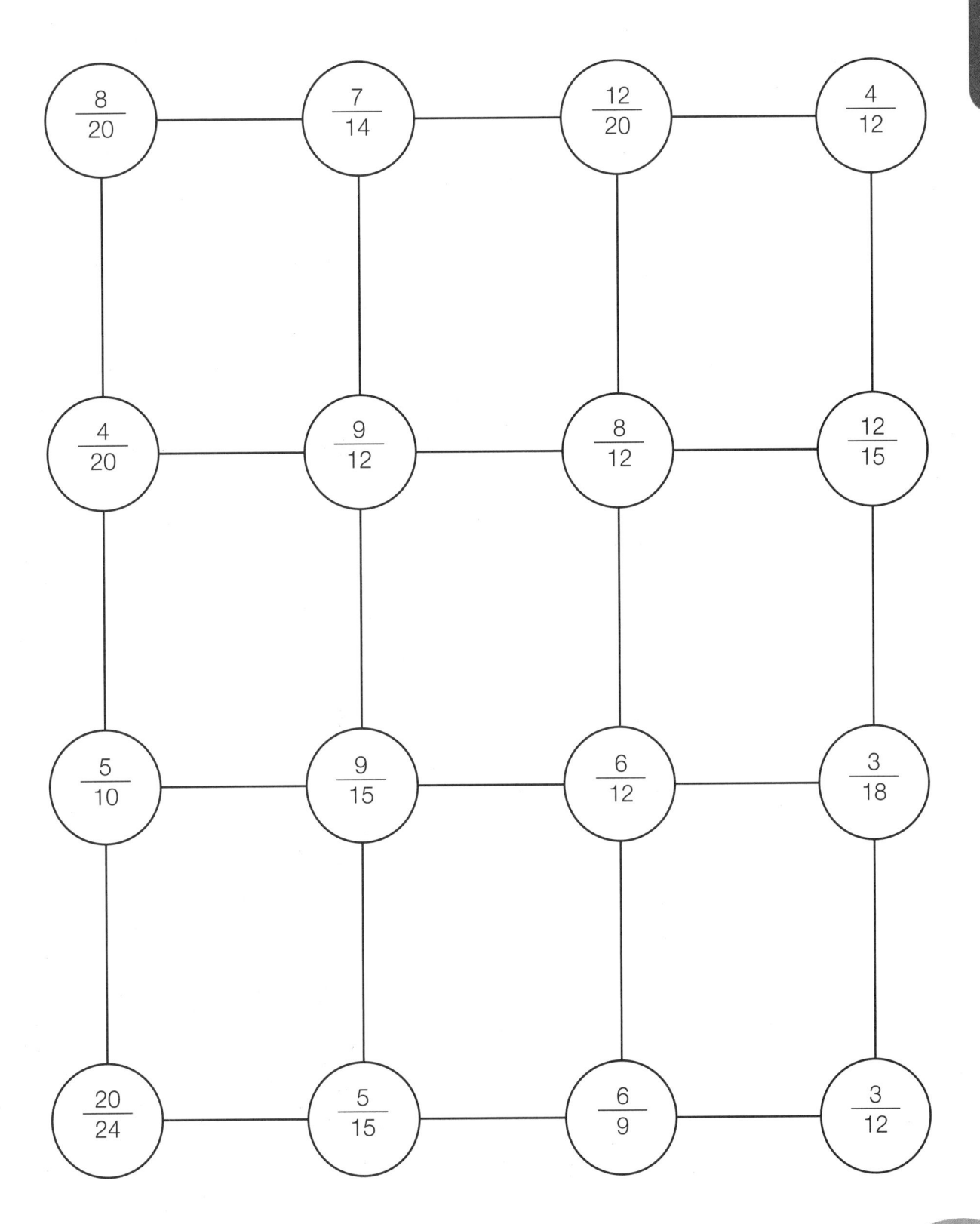

JOGO: FRAÇÃO NA LINHA
Tabuleiro

$\frac{8}{20}$	$\frac{7}{14}$	$\frac{12}{20}$	$\frac{4}{12}$
$\frac{4}{20}$	$\frac{9}{12}$	$\frac{8}{12}$	$\frac{12}{15}$
$\frac{5}{10}$	$\frac{9}{15}$	$\frac{6}{12}$	$\frac{3}{18}$
$\frac{20}{24}$	$\frac{5}{15}$	$\frac{6}{9}$	$\frac{3}{12}$

JOGO: FRAÇÃO NA LINHA

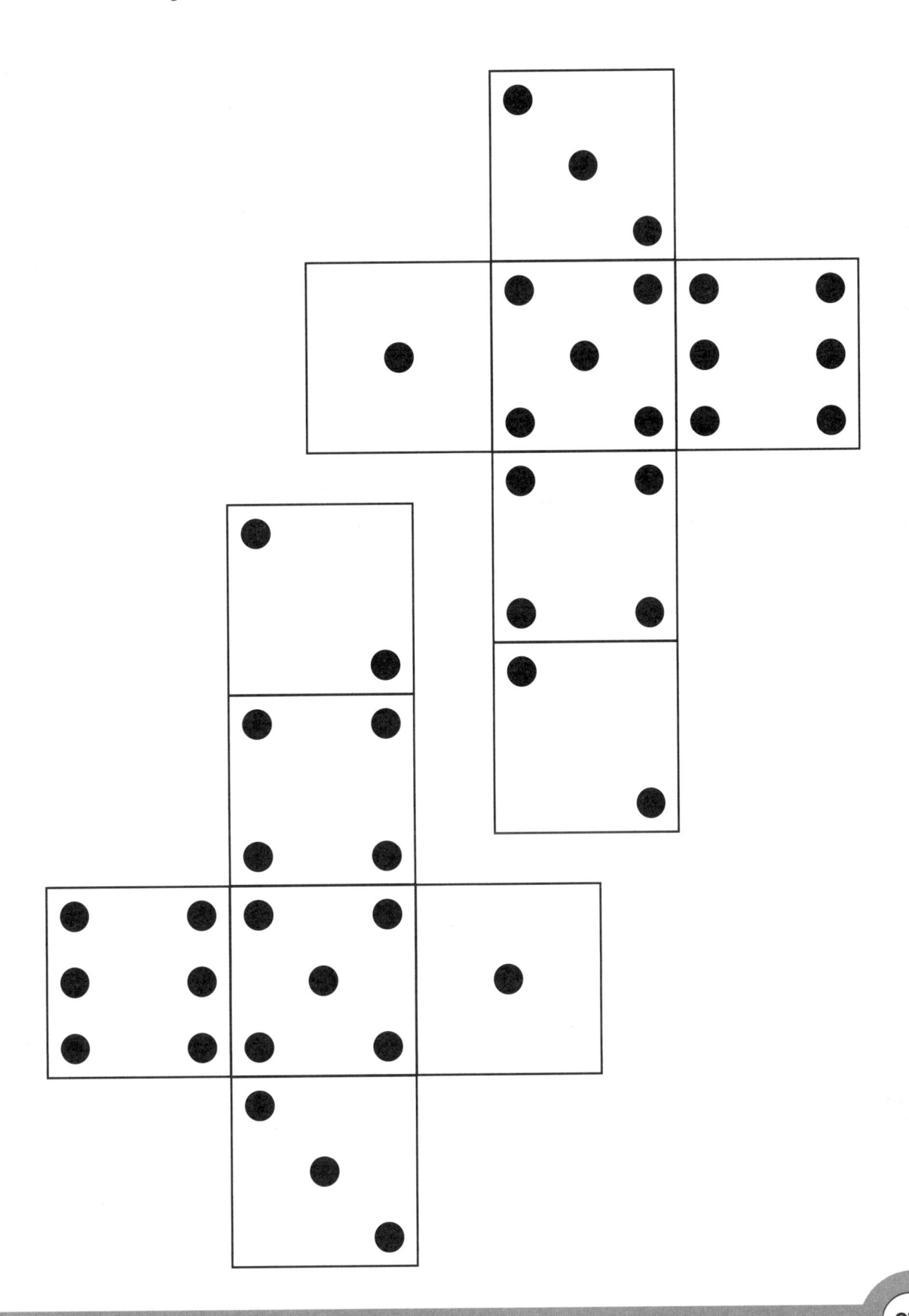

JOGO: FRAÇÃO NA LINHA

MOEDAS

CÉDULAS

Parte integrante da Coleção Eu gosto m@is – Matemática 5º ano – IBEP.

287

ALMANAQUE

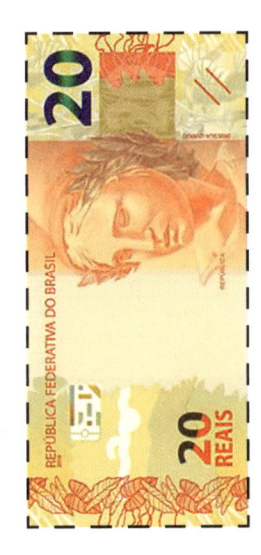

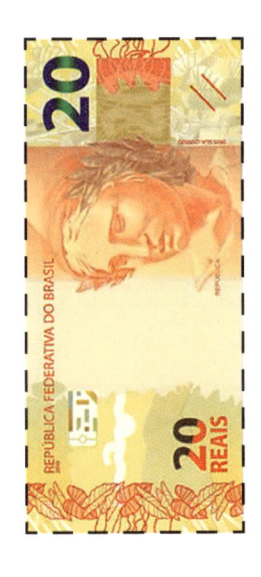

289

Parte integrante da Coleção Eu gosto m@is – Matemática 5º ano – IBEP.

ALMANAQUE

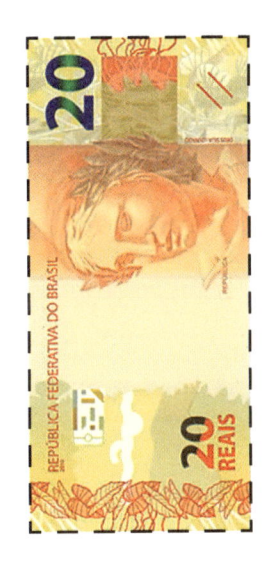

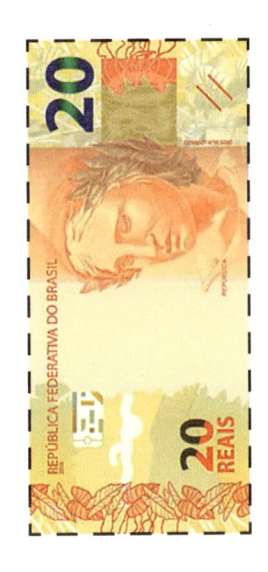

ALMANAQUE

293

Parte integrante da Coleção Eu gosto m@is – Matemática 5º ano – IBEP.

ENVELOPE PARA CÉDULAS E MOEDAS

Cédulas e Moedas

Nome: _____
Escola: _____ Ano e turma: _____

Cole aqui

Cole aqui

ALMANAQUE